中国轻工业出版社

总主编 林家阳

计算机
辅助平面设计

史爽 陈玲 刘绍勇 编著

U0396141

图书在版编目（CIP）数据

计算机辅助平面设计 / 史爽，陈玲，刘绍勇编著. —北京：中国轻工业出版社，2022.9
ISBN 978-7-5019-9685-8

Ⅰ.①计… Ⅱ.①史… ②陈… ③刘… Ⅲ.①平面设计—计算机辅助设计—职业教育—教材 Ⅳ.① TB21

中国版本图书馆CIP数据核字（2015）第129215号

责任编辑：毛旭林

策划编辑：李 颖 毛旭林 责任终审：劳国强 封面设计：锋尚设计
版式设计：锋尚设计 责任校对：吴大朋 责任监印：张京华

出版发行：中国轻工业出版社（北京东长安街6号，邮编：100740）
印 刷：艺堂印刷（天津）有限公司
经 销：各地新华书店
版 次：2022年9月第1版第3次印刷
开 本：870×1140 1/16 印张：11
字 数：300千字
书 号：ISBN 978-7-5019-9685-8 定价：58.00 元
邮购电话：010-65241695
发行电话：010-85119835 传真：85113293
网 址：http://www.chlip.com.cn
Email：club@chlip.com.cn
如发现图书残缺请与我社邮购联系调换
221181J2C103ZBW

序一

PROLOG 1

　　中国的艺术设计教育起步于 20 世纪 50 年代，改革开放以后，特别是 90 年代进入一个高速发展的阶段。由于学科历史短，基础弱，艺术设计的教学方法与课程体系受苏联美术教育模式与欧美国家 20 世纪初形成的课程模式影响，导致了专业划分过细，过于偏重技术性训练，在培养学生的综合能力、创新能力等方面表现出突出的问题。

　　随着经济和文化的大发展，社会对于艺术设计专业人才的需求量越来越大，市场对艺术设计人才教育质量的要求也越来越高。为了应对这种变化，教育部将"艺术设计"由原来的二级学科调整为"设计学"一级学科，既体现了对设计教育的重视，也体现了把设计教育和国家经济的发展密切联系在一起。因此教育部高等学校设计学类专业教学指导委员会也在这方面做了很多工作，其中重要的一项就是支持教材建设工作。此次由设计学类专业教指委副主任林家阳教授担纲的这套教材，在整合教学资源、结合人才培养方案，强调应用型教育教学模式、开展实践和创新教学，结合市场需求、创新人才培养模式等方面做了大量的研究和探索；从专业方向的全面性和重点性、课程对应的精准度和宽泛性、作者选择的代表性和引领性、体例构建的合理性和创新性、图文比例的统一性和多样性等各个层面都做了科学适度、详细周全的布置，可以说是近年来高等院校艺术设计专业教材建设的力作。

　　设计是一门实用艺术，检验设计教育的标准是培养出来的艺术设计专业人才是否既具备深厚的艺术造诣，实践能力，同时又有优秀的艺术创造力和想象力，这也正是本套教材出版的目的。我相信本套教材能对学生们奠定学科基础知识、确立专业发展方向、树立专业价值观念产生最深远的影响，帮助他们在以后的专业道路上走得更长远，为中国未来的设计教育和设计专业的发展注入正能量。

教育部高等学校设计学类专业教学指导委员会主任

中央美术学院　教授/博导　谭平

2017 年 8 月

序二
PROLOG 2

建设"美丽中国""美丽乡村"的内涵不仅仅是美丽的房子、美丽的道路、美丽的桥梁、美丽的花园，更为重要的内涵应该是贴近我们衣食住行的方方面面。好比看博物馆绝不只是看博物馆的房子和景观，而最为重要的应该是其展示的内容让人受益，因此"美丽中国"的重要内涵正是我们设计学领域所涉及的重要内容。

办好一所学校，培养有用的设计人才，造就出政府和人民满意的设计师取决于三方面的因素，其一是我们要有好的老师，有丰富经历的、有阅历的、理论和实践并举的、有责任心的老师。只有老师有用，才能培养有用的学生；其二是有一批好的学生，有崇高志向和远大理想，具有知识基础，更需要毅力和决心的学子；其三是连接两者纽带的，具有知识性和实践性的课程和教材。课程是学生获取知识能力的宝库，而教材既是课程教学的"魔杖"，也是理论和实践教学的"词典"。"魔杖"即通过得当的方法传授知识，让获得知识的学生产生无穷的智慧，使学生成为文化创意产业的使者。这就要求教材本身具有创新意识。本套教材包括设计理论、设计基础、视觉设计、产品设计、环境艺术、工艺美术、数字媒体和动画设计八个方面的 50 本系列教材，在坚持各自专业的基础上做了不同程度的探索和创新。我们也希望在有限的纸质媒体基础上做好知识的扩充和延伸，通过教材案例、欣赏、参考书目和网站资料等起到一部专业设计"词典"的作用。

为了打造本套教材一流的品质，我们还约请了国内外大师级的学者顾问团队、国内具有影响力的学术专家团队和国内具有代表性的各类院校领导和骨干教师组成的编委团队。他们中有很多人已经为本系列教材的诞生提出了很多具有建设性的意见，并给予了很多方面的指导。我相信以他们所具有的国际化教育视野以及他们对中国设计教育的责任感，这套教材将为培养中国未来的设计师，并为打造"美丽中国"奠定一个良好的基础。

教育部职业院校艺术设计类专业教学指导委员会主任

同济大学　教授／博导　林家阳

2017 年 6 月

前言
FOREWORD

本书由基础理论篇、实践篇、优秀作品欣赏篇三个部分组成，以平面设计实践案例展开，讲解平面设计相关知识与软件操作技巧，帮助学生在实战中掌握平面设计操作的思路与流程。

第一章为基础理论篇，概述平面设计常用软件：Photoshop、Illustrator、InDesign 的主要功能与不同，讲解平面设计与执行的基础知识。

第二章为实践篇，以八个平面设计的典型设计项目为例，讲解平面设计的相关知识点与实践流程，学习利用 Photoshop、Illustrator、InDesign 完成平面设计制作并掌握平面设计输出知识。

第三章为优秀作品赏析篇，列举利用 Photoshop、Illustrator、InDesign 平面设计软件辅助完成的优秀平面设计作品，并分析其设计表现手法。

作者

课时
安排

建议课时96学时

章 节	课 程 内 容		
第一章 平面设计常用软件——基础理论篇	一、平面设计常用软件概述和比较分析	2	27
	二、走进 Photoshop CS6	10	
	三、走进 Illustrator CS6	10	
	四、走进 InDesign CS6	5	
第二章 平面设计常用软件——实践篇	一、项目1 商业海报	6	56
	二、项目2 人像照片	6	
	三、项目3 书籍封面	8	
	四、项目4 名片	8	
	五、项目5 标志	4	
	六、项目6 吉祥物	8	
	七、项目7 画册	16	
第三章 计算机辅助平面设计——优秀作品欣赏篇	一、国外优秀平面设计作品赏析	4	13
	二、国内优秀平面设计作品赏析	5	
	三、学生优秀平面设计作品赏析	4	

目录
contents

第一章
平面设计常用软件——基础理论篇

作为一名合格的平面设计师必须具备独特的创造力和优秀的执行力，执行力是指准确地完成创作意图，达到预期效果的操作能力。在现代平面设计中，电脑软件已经成为平面设计师必不可少的工具。它不仅可以辅助设计师快速地完成设计任务，其自身所带有的某些特殊表现方法甚至成为了设计师创意的来源。

本章的学习目的是让学生了解平面设计中常用的 3 款辅助软件的基本功能及平面设计的基本常识。

第一节　平面设计常用软件概述和比较分析

一、文化发展和技术表现

随着社会的不断发展，文化的作用表现得越来越重要；文化的不断繁荣，促进了人们对技术创新的认识与研究，推动了知识社会的形成，技术进步与文化发展相辅相成，共同推进人类社会的进步。

在技术创新与应用不断获得丰硕成果的今天，计算机图形图像技术对文化艺术产生了深刻的影响，文化艺术范畴中的设计领域对计算机的依赖也越来越明显。各类设计软件的问世，为设计师提供了强大的工具和丰富的资源，在一定程度上影响着现代设计的理念和方法。

在文艺复兴时期，艺术与技术就达到了很好的结合，许多艺术家同时也是科学家。20 世纪以来，科学的迅猛发展，在其理论中积累了很多关于艺术与美的问题，而艺术也积累了许多关于科学的问题，科学的视觉化与艺术的科学化在当下学术界的研究也越发突出与重要。很多科学家和艺术家呼吁"艺术与科学"应该重新得到结合。计算机辅助设计正是伴随着计算机图形学的发展而发展的，尤其是视觉化的设计软件应用逐渐推动了科学与艺术的结合与跨界表现，被称为计算机图形学之父的伊凡·苏泽兰特对此做出了重要贡献。

顺应时代发展需求，艺术与技术结合的计算机辅助平面设计课程在高校教学中成为基础课的重要组成部分。计算机辅助平面设计是一门应用型的、实践性强的课程，从宏观角度来讲，它的核心目标是培养学生提高作品的综合表现力，主要包括图像的融合、数码摄影、排版、特殊效果制作等；从微观角度来讲，是教授学生运用计算机平面设计软件完成广告制作、视觉传达设计、宣传页制作、海报制作、书籍设计、包装设计、广告设计、印刷工艺、书籍装帧等作品的设计与制作的一系列课程。在课程中注意培养学生的操作能力、设计能力、创新能力和综合能力。

本课程在教学方法和手段上，建议采用一体化教学，不要将理论和实训分开，应该采用边讲边练，精讲多练，讲练结合的教学方式。通过实例和项目可以学到知识，掌握操作技能，培养创新能力。任课教师不仅要熟悉软件，更要有设计的实践经验和艺术素养。关注最新的设计资讯，时刻与企业保持沟通，积累丰富的设计素材，才能有效地指导和帮助学生。

二、平面常用软件概述和图形图像基础知识

1. 平面常用软件概述

图 1-1 Adobe 公司标志

平面设计软件种类繁多，一般平面设计应包括三类软件：图像处理软件、矢量绘图软件和图文排版软件。Adobe 公司的 Photoshop 是典型的图像处理软件，也是平面设计的首选软件，成为课程学习的重点内容；矢量绘图软件有 Illustrator、CorelDRAW、Freehand 等不同的软件，各具特色，但其功能大同小异，一般都能满足设计的需要，根据不同地域设计行业的不同习惯进行选择，例如华北地区较多地使用 Illustrator，华南地区习惯使用 CorelDRAW；图文排版也可以根据情况选择 InDesign、PageMaker、北大方正等。

本教材有针对性地选择了 Adobe 公司的三款软件作为主要学习软件：

Adobe 公司始创于 1982 年，目前是世界上广告、印刷、出版和网页领域首屈一指的软件设计公司，同时也是世界上第二大桌面软件公司。Adobe 这个名字来源于它的创始人约翰·瓦诺克故乡的那条小河 Adobe Creek。

1）图像处理软件

Photoshop 是 Adobe 公司最为出名的图像处理软件

图 1-2 Adobe Creek

之一，它常用于平面设计、影楼后期、数字绘画等领域。在平面广告设计中，常用 Photoshop 处理素材图片，制作各种色彩效果和滤镜特效，以灵活多变的风格、绚烂缤纷的色彩而得到业界好评。

2）矢量绘图软件

Illustrator 是 Adobe 公司另一款实用性很强的矢量绘图软件，它的最大特色是对线条的控制很出色，可以方便地绘制出高精度的线条和矢量图形。在平面广告设计中，常用 Illustrator 进行标志设计、包装设计、插画创作等。Illustrator 输出的格式也比较多样，与 Photoshop、InDesign、Flash 等软件搭配运用，可以创造出极为丰富的艺术效果。

3）图文排版软件

InDesign 是 Adobe 公司一款用于专业排版领域的设计软件，它的最大特色是可以灵活处理文字与图片，将图像、字形、印刷、色彩管理等多种技术集成一体，并且具有较强的兼容性，常用于画册、书籍等出版领域。

2. 图形图像基础知识

在图形图像中，我们要明确和记忆几个概念：像素和分辨率、位图和矢量图、颜色模式和图像文件格式。

1）像素和分辨率

像素

像素是构成图像的最小单位，是图像的基本元素。

分辨率

分辨率是指单位长度内所含像素点的数量，单位为"像素每英寸"（pixel/inch，ppi）。分辨率对处理数码图像非常重要，与图像处理有关的分辨率有图像分辨率、打印机或屏幕分辨率等。

分辨率	特点和需求
图像分辨率	图像分辨率直接影响图像的清晰度，图像分辨率越高，则图像的清晰度越高，图像占用的存储空间也越大。
显示器分辨率	在显示器中每个单位长度显示的像素或点数，通常以"点每英寸"（dots/inch，dpi）来衡量。显示器的分辨率依赖于显示器尺寸与像素设置，个人计算机显示器的典型分辨率通常为 96dpi。
打印机分辨率	与显示器分辨率类似，打印机分辨率也以"点每英寸"（dots/inch，dpi）来衡量。如果打印机分辨率为 300~600dpi，则图像的分辨率最好为 72~150ppi；如果打印机的分辨率为 1200dpi 或更高，则图像分辨率最好为 200~300ppi。

总之，如果希望图像仅用于显示，可将其分辨率设置为 96ppi（与显示器分辨率相同）；如果希望图像用于印刷输出，则应将其分辨率设置为 300ppi 或更高。

2）位图和矢量图

位图

位图是指以点阵方式保存的图像。它由多个不同颜色的点组成，可以在不同的软件之间转换，主要用于保存各种照片图像。位图的缺点是文件尺寸太大，且和分辨率有关。因此，当位图的尺寸放大到一定程度后，会出现锯齿现象，图像将变得模糊，如图所示。

矢量图

矢量图是指利用图形的几何特性的数学模型进行描述的各种图形，与分辨率无关，将图形放大到任意程度，都不会失真，如图所示。

3）颜色模式

图像处理离不开色彩处理，因为图像无非是由色彩和形状两种信息组成的。在使用色彩之前，需要了解色彩的一些基本知识。

色彩的三要素

色彩的三要素即色相、明度、纯度（色度）。

色彩三要素	
色相	指色彩的面貌和名称，例如红、黄、蓝、绿等。
明度	指色彩的明暗深浅程度，例如色彩明度高，就是说颜色亮。
纯度	指色相的鲜艳和饱和程度，即色彩中其他杂色所占成分的多少。

颜色模式

颜色模式用来确定如何描述和重现图像的色彩。常见的颜色模型包括 HSB（色相、饱和度、亮度）、RGB（红色、绿色、蓝色）、CMYK（青色、品红、黄色、黑色）和 Lab 等。因此，相应的颜色模式也就有 RGB、CMYK、Lab 等。

图 1-3　位图

图 1-4　矢量图

颜色模式	基本特点	备注参考
RGB 颜色模式	利用红（Red）、绿（Green）和蓝（Blue）三种基本颜色进行颜色加法，可以配制出绝大部分肉眼能看到的颜色。彩色电视机的显像管及计算机的显示器都是以这种方式来混合各种不同的颜色效果的。	R 255，G 0， B 0，表示红色； R 0， G 255，B 0，表示绿色； R 0， G 0， B 255，表示蓝色； R 0， G 0， B 0，表示黑色； R 255，G 255，B 255，表示白色。
CMYK 颜色模式	CMYK 模式是四色印刷的基础。在本质上与 RGB 颜色模式没有什么区别，只是产生色彩的原理不同。由于 RGB 颜色合成可以产生白色，因此，RGB 产生颜色的方法称为加色法。而青色（C）、品红（M）和黄色（Y）的色素在合成后可以吸收所有光线并产生黑色，因此，CMYK 产生颜色的方法称为减色法。	CMYK 颜色模式是一种用于印刷的模式，分别是指青（Cyan）、品红（Magenta）、黄（Yellow）和黑（Black）。
Lab 颜色模式	Lab 颜色模式是以一个亮度分量 L（Lightness），以及两个颜色分量 a 与 b 来表示颜色的。其中，L 的取值范围为 0~100，a 分量代表由绿色到红色的光谱变化，而 b 分量代表由蓝色到黄色的光谱变化，且 a 和 b 分量的取值范围均为 -120~120。	Lab 颜色模式是 Photoshop 内部的颜色模式。该模式是目前所有模式中色彩范围（称为色域）最大的颜色模式。当 Photoshop 从 RGB 转变为 CMYK 时，首先应该将 RGB 转为 Lab 颜色，然后再将 Lab 转变为 CMYK 颜色。
HSB 模式	通常情况下，色相 H（Hue）由颜色名称标识，如红色、橙色或绿色。饱和度 S（saturation 又称彩度）是指颜色的强度或纯度。饱和度表示色相中灰色分量所占的比例，使用从 0（灰色）~ 100%（完全饱和）的百分比来度量。亮度 B（brightness）是颜色的相对明暗程度，通常使用从 0（黑色）~ 100%（白色）的百分比来度量。	HSB 模式三个字母分别代表：色相、饱和度、亮度。HSB 随时基于人对颜色的感觉的，既不是 RGB 的计算机数值，也不是 CMYK 大的油墨百分比，而是将颜色看作由色谱组成的。

总之，在 Photoshop 中，主要使用 RGB 颜色模式，因为只有在这种模式下，用户才能使用 Photoshop 软件系统提供的所有命令与滤镜。

4）图像文件格式

PSD 格式：是 Photoshop 的固有格式，能很好地保存图层、通道、路径、蒙版等。因为这是 Photoshop 自身格式文件，所以 Photoshop 能以比 其他格式更快的速度打开和存储它们。在保存图像时，若图像中含有层信息，则必须以 PSD 格式保存。但是由于 PSD 格式保存的信息较多，因此，其文件非常庞大。

BMP 格式：有压缩和不压缩两种形式。它以独立于设备的方法描述位图，可用非压缩格式存储图像数据，解码速度快，支持多种图像的存储，常见的各种 PC 图形图像软件都能对其进行处理。

JPEG（.JPG）格式：有损压缩格式。由于其高效的压缩效率和标准化要求，目前 已广泛用于彩色传真、静止图像、电话会议、印刷及新闻图片的传送上。但那些被删除的资料无法在解压时还原，所以 JPEG 文件并不适合放大观看，存在一定程度失真，输出成印刷品时品质也会受到影响，因此，制作印刷品时最好不要选择此格式。

PDF 格式：该格式是由 Adobe 公司推出的专为线上出版而制定的，以覆盖矢量式图像和点阵式图像，并且支持超级链接。该格式可以保存多页信息，其中可以包含图形和文本。此外，由于该格式支持超级链接，因此是网络下载经常使用的文件格式。PDF 格式支持 RGB、索引颜色、CMYK、灰度、位图和 Lab 颜色模式，但不支持 Alpha 通道。

GIF 格式：该格式存储色彩最高只能达到 256 种，仅支持 8 位图像文件。正因为它是经过压缩的图像文件格式，所以大多用在网络传输上和 Internet 的 HTML 网页文档中，传输速度要比其他图像文件格式快得多。

RAW 格式：该格式支持带 Alpha 通道的 CMYK、RGB 和灰度模式，和不带 Alpha 通道的 CMYK、RGB 和灰度模式，和不带 Alpha 通道的多通道、Lab、索引颜色和双色调模式。

TIFF 格式：是 Mac 和 PC 机上使用最广泛的位图格式，在这两种硬件平台上移植 TIFF 图像十分便捷，大多数扫描仪也都可以输出 TIFF 格式的图像文件。其特点是存储的图像质量高，但占用的存储空间也比较大。

第二节　走进Photoshop CS6

Photoshop 简称 PS,是功能强大的专业图像处理软件。Photoshop 的主要设计师是 Thomas knoll(托马斯·诺尔),在 1987 年,他为了帮助自己完成博士毕业论文,编写了一个程序 Display,在此后一年多的时间里,他与兄弟 John Knoll (约翰·诺尔) 不断修改,将 Display 变为了功能更强大的图像编辑程序。后来在一次展会上接受了一个参展观众的建议,把程序改名为 Photoshop。在 1988 年确立了与 Adobe 的合作关系,在 Adobe 工程师的努力下,Adobe Photoshop 已成为优秀的平面设计编辑软件。Photoshop 软件的更新速度并不算快,但每一次版本更新都会带给用户惊人的变化,其功能越来越强大,是其它同类软件望尘莫及的。平面设计是 Photoshop 应用最为广泛的领域,具有丰富图像的平面印刷品,基本上都需要 Photoshop 软件对图像进行处理。Photoshop 功能完善,性能稳定,使用方便,操作自由,是平面设计师从业的必备工具。Photoshop 的图像处理功能主要包括图像编辑、图像合成、校色调色及特效制作。图像编辑是对图像做放大、缩小、旋转、倾斜、镜像、透视等各种变化;对图形进行复制、去除斑点、修补、修饰等操作。图像合成则是将几幅图像实现无缝连接,是实现图像蒙太奇的最佳工具。校色调色是 Photoshop 最具威力的功能之一,可方便、快捷地对图像进行色相、明度、饱和度、对比度等多方面色彩调节 ,以适合各类设计与载体的需求。 特效制作是利用滤镜、通道等工具综合应用完成,如油画、金属、光影等特殊效果。作为平面设计师,Photoshop 是必须掌握的设计工具之一。

1. 界面介绍

启动 Photoshop 后,可以看到用于图像操作的菜单,工具栏以及面板构成的工作界面。界面简洁、操作方便,呈灰色。界面的颜色可通过执行: 菜单栏【编辑】–【首选项】–【界面】进行界面颜色的调整。

1) 菜单栏:

菜单栏中提供了 11 个菜单选项,几乎在 Photoshop 中能用到的命令都集中在菜单栏中,包括文件、编辑、图像、图层、文字、选择、滤镜、3D、视图、窗口和帮助菜单。单击菜单栏中的命令,就会打开相应的菜单。

图 1–5　Photoshop CS6 工作界面

2）工具栏：

工具栏上的选项是随着工具的改变而改变的，包含每个工具的属性设置。

3）工具箱：

Photoshop 工具箱共包含了 40 余种工具，单击图标即可选择工具。在工具箱中一些工具图标右下方有一个小黑三角的符号，这就表示在该工具中还有与之相关的工具，把鼠标指针移到含有三角的工具上，右击即可打开隐藏的工具，或者在工具上长按鼠标左键也可打开隐藏的工具，然后选择工具即可。还可以按下 ALT 键不放，再单击工具图标，多次单击可以在多个工具之间切换。

4）状态栏：

用于提供当前操作的帮助信息，如图像显示比例、图像大小、存储进度等。

5）面板区：

Photoshop 在面板区提供了多个控制面板，可以完成各种图像处理操作和工具参数设置。其中包括：导航器、信息、颜色、色板、图层、通道、路径、历史记录、动作、工具预设、样式、字符、段落控制面板等。

2. 基本操作

1）快捷键

工具箱

移动工具【V】

矩形、椭圆选框工具【M】

套索、多边形套索、磁性套索【L】

快速选择工具、魔棒工具【W】

裁剪、透视裁剪、切片、切片选择工具【C】

吸管、颜色取样器、标尺、注释、计数工具【I】

污点修复画笔、修复画笔、修补、内容感知移动、红眼工具【J】

画笔、铅笔、颜色替换、混合器画笔工具【B】

仿制图章、图案图章工具【S】

历史记录画笔工具、历史记录艺术画笔工具【Y】

橡皮擦、背景橡皮擦、魔术橡皮擦工具【E】

渐变、油漆桶工具【G】

减淡、加深、海绵工具【O】

钢笔、自由钢笔、添加锚点、删除锚点、转换点工具【P】

横排文字、直排文字、横排文字蒙版、直排文字蒙版【T】

路径选择、直接选择工具【A】

矩形、圆角矩形、椭圆、多边形、直线、自定义形状工具【U】

抓手工具【H】

旋转视图工具【R】

缩放工具【Z】

添加锚点工具【+】

删除锚点工具【–】

默认前景色和背景色【D】

切换前景色和背景色【X】

切换标准模式和快速蒙版模式【Q】

标准屏幕模式、带有菜单栏的全屏模式、全屏模式【F】

临时使用移动工具【Ctrl】

临时使用吸色工具【Alt】

临时使用抓手工具【空格】

打开工具选项面板【Enter】

快速输入工具选项（当前工具选项面板中至少有一个可调节数字）【0】至【9】

循环选择画笔【[】或【]】

选择第一个画笔【Shift】+【[】

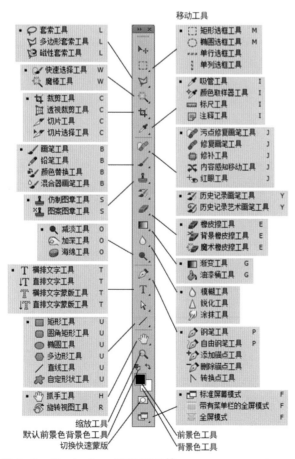

图 1-6　Photoshop CS6 工具箱

选择最后一个画笔【Shift】+【]】
建立新渐变（在"渐变编辑器"中）【Ctrl】+【N】

文件操作
新建文件【Ctrl】+【N】
用默认设置创建新文件【Ctrl】+【Alt】+【N】
打开已有的图像【Ctrl】+【O】
打开为 ...【Ctrl】+【Alt】+【O】
关闭当前图像【Ctrl】+【W】
保存当前图像【Ctrl】+【S】
另存为 ...【Ctrl】+【Shift】+【S】
存储为 Web 所用格式【Ctrl】+【Alt】+【Shift】+【S】
页面设置【Ctrl】+【Shift】+【P】
打印【Ctrl】+【P】
打开"预置"对话框【Ctrl】+【K】

选择功能
全部选取【Ctrl】+【A】
取消选择【Ctrl】+【D】
重新选择【Ctrl】+【Shift】+【D】
羽化选择【Shift】+【F6】
反向选择【Ctrl】+【Shift】+【I】
路径变选区数字键盘的【Enter】
载入选区【Ctrl】+点按图层、路径、通道面板中的缩略图滤镜

按上次的参数再做一次上次的滤镜【Ctrl】+【F】
退去上次所做滤镜的效果【Ctrl】+【Shift】+【F】
重复上次所做的滤镜（可调参数）【Ctrl】+【Alt】+【F】

视图操作
显示彩色通道【Ctrl】+【2】
显示单色通道【Ctrl】+【数字】
以 CMYK 方式预览（开关）【Ctrl】+【Y】
放大视图【Ctrl】+【+】
缩小视图【Ctrl】+【-】
满画布显示【Ctrl】+【0】
实际像素显示【Ctrl】+【Alt】+【0】
左对齐或顶对齐【Ctrl】+【Shift】+【L】
中对齐【Ctrl】+【Shift】+【C】
右对齐或底对齐【Ctrl】+【Shift】+【R】
左 / 右选择 1 个字符【Shift】+【←】/【→】
下 / 上选择 1 行【Shift】+【↑】/【↓】

编辑菜单
还原 / 重做前一步操作【Ctrl】+【Z】
还原两步以上操作【Ctrl】+【Alt】+【Z】
重做两步以上操作【Ctrl】+【Shift】+【Z】
剪切选取的图像或路径【Ctrl】+【X】或【F2】
拷贝选取的图像或路径【Ctrl】+【C】
合并拷贝【Ctrl】+【Shift】+【C】
将剪贴板的内容粘到当前图形中【Ctrl】+【V】或【F4】
将剪贴板的内容粘到选框中【Ctrl】+【Shift】+【V】
自由变换【Ctrl】+【T】

2）常用图像处理工具操作实例
以"《抽屉·说》微信平台电子海报"为例，初步讲解 Photoshop CS6 基本操作工具。

在做练习之前我们先来了解一下 Photoshop 的基本操作原理，Photoshop 是一款基于图层原理进行图像编辑操作的软件，图层就像是含有文字或图形等元素的胶片，一张张按顺序叠放在一起，组合起来形成页面的最终效果。在对原始图像编辑时可以让内容产生变化而又彼此之间保持分离。想象一下，如果你画画时先铺了层蓝色的背景，之后觉得不好改成了粉

图 1-7　《抽屉·说》微信平台电子海报

文字图层
环境色图层2
环境色图层1
单独抽屉层
背景层

图 1-8　图层示意图

色，之后又想再改回原来的蓝色就只能重画了，可在 Photoshop 里就很简单，因为每个图层都是独立的，我们只是站在所有图层的最上面看所有图层叠放的效果。在下面的这个案例中我们要尤为注意图层的应用与管理。

第一步　建立文件

STEP 01 建立文件，打开 Photoshop 单击菜单栏选择【文件→新建】或按快捷键【Ctrl】+【N】，在弹出的【新建】对话框中，设置信息如下（如图 1-9）：

- 名称：抽屉·说微信平台电子海报设计 2014 / 12 / 01 源文件
- 预设：自定
- 宽度：700 像素
- 高度：1000 像素
- 分辨率：72 像素 / 英寸
- 颜色模式：RGB 颜色 /8 位
- 背景内容：白色
- 单击确定

第二步　制作背景

STEP 02 打开照片素材，单击菜单栏选择【文件→打开】或按快捷键【Ctrl】+【O】，在弹出的【打开】对话框中，选择"抽屉"照片素材（如图 1-10）：

STEP 03 修改图像尺寸，单击菜单栏选择【图像→图像大小】或按快捷键【Ctrl】+【Alt】+【I】，在弹出的【图像大小】对话框中，设置信息如下（如图 1-11）：

- 高度：70 像素（高度控制在 65~70，其他参数成比例自动更改）
- 单击确定

STEP 04 定义图案，单击菜单栏选择【编辑→定义图案】，在弹出的【定义图案】对话框中，设置名称为"抽屉"，如下（如图 1-12）：

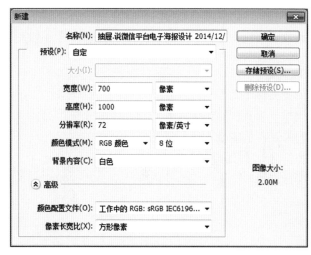

图 1-9

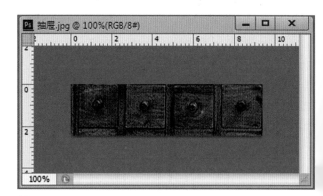

图 1-10

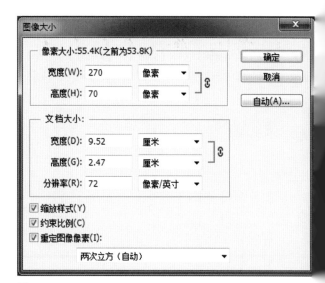

图 1-11

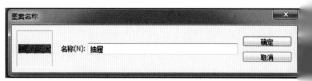

图 1-12

STEP 05 回到主编辑文件，在菜单栏中选择【窗口】，在展开的菜单中单击选择"抽屉说·微信平台电子海报设计 2014 / 12 / 01 原文件"。

STEP 06 新建图层，单击菜单栏选择【图层→新建】或按快捷键【Ctrl】+【Shift】+【N】，在弹出的【新建】对话框中，设置名称为"背景层"（如图1-13），【图层】面板中出现"背景图"图层（如图1-14）：

图 1-13

图 1-14

STEP 07 填充背景，单击菜单栏选择【编辑→填充】或按快捷键【Shift】+【F5】，在弹出的【填充】对话框中，设置信息如下（如图1-15）：

• 内容→使用→图案

• 自定义图案→"抽屉图案"

• 单击确定（如图1-16）

图 1-15

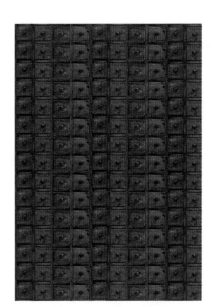

图 1-16

STEP 08 调整背景颜色，单击菜单栏选择【图像→调整→色相饱和度】或按快捷键【Ctrl】+【U】，在弹出的【色相饱和度】对话框中，设置信息如下（如图1-17）：

• 饱和度：-80

• 单击确定（如图1-18）

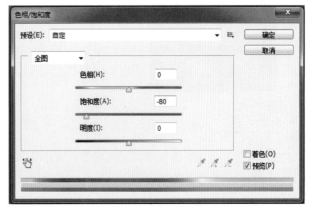

图 1-17

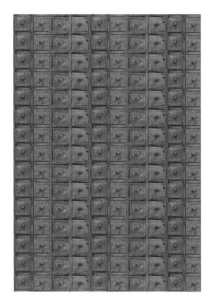

图 1-18

STEP 09 置入素材，单击菜单栏选择【文件→置入】，在弹出的【置入】对话框中，单击鼠标左键选择图像素材"单独抽屉"；

STEP 10 调整素材尺寸，单击菜单栏选择【编辑→变换→缩放】或按快捷键【Ctrl】+【T】，把鼠标放到变换框四个角处，当鼠标变成双箭头图标时，按住【Shift】键（保证等比例缩放）点击鼠标左键进行拖拽，调整到满意的尺寸，双击鼠标左键确定（如图1-19）。

图 1-19

STEP 11 新建图层

· 打开图层面板，单击菜单栏选择【窗口→图层】或按快捷键【F7】

· 单击图层面板底部，"创建新图层" 按钮

· 在图层面板上，双击新建图层的名称"图层1"，改名为"环境色图层1"

STEP 12 为新建图层填充颜色（如图1-20）

· 单击工具箱中的 "前景色" 按钮，设置弹出的拾色器对话框

· C：0；M：0；Y：100；K：0

· 单击确定

· 单击填充前景色,也可应用快捷键【Alt】+【Backspace】或【Shift】+【F5】。

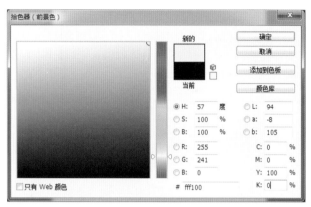

图 1-20

STEP 13 设置图层混合模式，选择"环境色图层1"，单击图层面板混合模式窗口，把"正常"模式改为"正片叠底"（如图1-21），图层混合模式改变（如图1-22）。

图 1-21

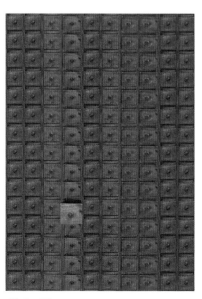

图 1-22

STEP 14 新建图层,

- 单击图层面板底部,"创建新图层"  按钮
- 在图层面板上,用鼠标左键双击新建图层的名称"图层 1",改名为"环境色图层 2"

图 1-23

STEP 15 为新建图层填充颜色,单击工具箱中的 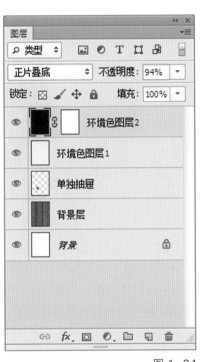 "默认前景色背景色"按钮或按快捷键【D】恢复默认黑/白色;单击工具箱中的 "切换前景色和背景色"按钮或按快捷键【X】,把前景色变成黑色;使用快捷键填充前景色【Alt】+【Backspace】或【Shift】+【F5】在弹出的对话框中设置内容使用"前景色"。

STEP 16 设置图层混合模式,在图层面板中把图层模式设置为"正片叠底",不透明度:94%(如图1-23)。

STEP 17 建立图层蒙版,在图层面板中单击选择"环境色图层 2"图层,使其处于工作状态,单击鼠标左键选择图层面板底部"添加图层蒙版" 按钮(如图1-24)。

图 1-24

图 1-25

STEP 18 调整图层蒙版遮挡效果,在"环境色图层 2"图层中单击选择新建的蒙版窗口,使其处于工作状态(如图 1-25);单击工具箱选择"画笔" 工具,在工具栏中调整"画笔"工具大小为 400 像素或按住快捷键【 I 】调整画笔大小(如图 1-26)。将工具箱前景色改为黑色;在画面上用"画笔" 工具来调整蒙版的遮挡效果(黑色会遮盖图层内容/白色还原图层内容)(如图1-27)。

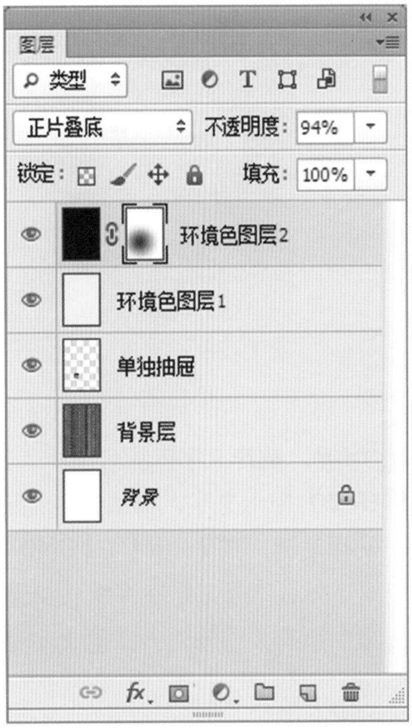

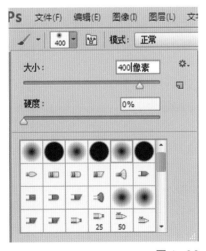

图 1-26

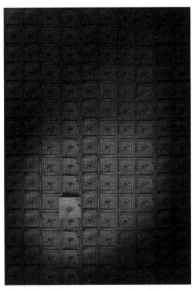

图 1-27

STEP 19 创建新组，按住【Shift】键在图层面板单击鼠标左键分别点选"背景层""单独抽屉""环境色图层1""环境色图层2"使每个图层都处于激活状态（如图 1-28），之后按下【Ctrl】+【G】建立 "组 1"（所选图层全部加到新建组中），双击"组 1"改名为"背景组"（可以通过点击本层组上的黑色三角来展开层组内容）（如图 1-29）。

图 1-28

图 1-29

第三步 制作文字内容

STEP 20 输入文字，把鼠标移至工具箱中的文字工具上，点击按住鼠标左键，选择直排文字工具，在画面上单击鼠标左键；按【Ctrl】+【Shift】键切换为中文输入法（如图 1-30），输入海报标题"抽屉说"在工具栏中设置字体、字号或是在菜单栏中选择【窗口→字符】面板上调整字体、字号、间距等文字效果（如图 1-31）。海报中所有文字输入方式同上（每点选一次文字工具都会在图层面板中自动产生一个新的图层）。

图 1-30

STEP 21 创建新组，按住【Shift】键在图层面板上点选所有文字图层，按快捷键【Shift】+【G】建立新的"文字组"。

第四步 存储输出文件

STEP 22 存储文件，单击菜单栏选择【文件→存储】或按快捷键【Ctrl】+【S】，在弹出的【存储为】对话框中，设置信息如下（如图 1-32）：

· 保存在：通过黑色三角打开下拉菜单选择所要存储的盘符与文件夹

· 文件名：抽屉说·微信平台电子海报设计 2014 / 12 / 01 原文件

· 格式：*.PSD

· 单击保存

图 1-31

STEP 23 输出文件，单击菜单栏选择【文件→另存为】或按快捷键【Ctrl】+【Shift】+【S】，在弹出的【另存为】对话框中，设置信息如下（如图 1-33）：

保存在：与原文件保存在同一个文件夹

文件名：抽屉说微信平台电子海报设计 2014 / 12 / 01 输出文件

格式：*.JPEG

单击保存

（在弹出的 JPEG 对话框中设置图像品质，可以通过设置品质数值来控制生成文件的大小，微信订阅号上传图像最好控制在 2M 以内，在调整品质数值时，对话框右侧预览下方会显示所要生成文件的大小。）

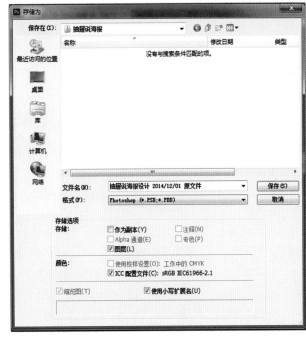

图 1-32

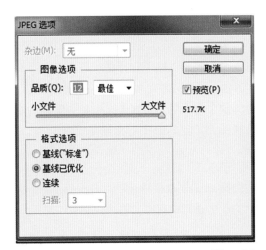

图 1-33

第三节 走进Illustrator CS6

Illustrator 简称 AI，是由 Adobe 公司于 1987 年 1 月发布的一款基于矢量的图形制作软件，在此之前它只是 Adobe 内部的字体开发和 PostScript 编辑软件。从 1987 年的 Adobe Illustrator 1.1 发展至今，它已经成为了全球最著名的矢量图形软件，据不完全统计全球有 37% 的设计师在使用 Adobe Illustrator 进行设计创作。Adobe Illustrator 被广泛应用于印刷出版、海报、书籍排版、专业插画、宣传折页设计和互联网页面的制作等。

Adobe Illustrator 的核心是贝赛尔曲线（也称贝兹曲线），是应用于二维图形应用程序的数学曲线。贝赛尔曲线由线段与节点组成，节点是可拖动的支点，线段像可伸缩的皮筋，这使得操作简单功能强大的矢量绘图成为可能。Adobe Illustrator 中的钢笔工具就是来做这种矢量曲线的。Adobe Illustrator 的主要竞争对手是 Macromedia Freehand；但是在 2005 年 Macromedia 被 Adobe 公司收购，Adobe Illustrator 进一步确定了它在矢量图形软件中的霸主地位。Adobe Illustrator 与兄弟软件——位图图形处理软件 Photoshop 有类似的界面和基本相同的快捷键，并能共享一些插件和功能，充分实现无缝连接，这也是设计师青睐它的主要原因。

1. 界面介绍

启动 Illustrator 后，可以看到用于图像操作的菜单栏，工具栏以及控制面板的工作界面。界面简洁、操作方便，呈灰色。界面的颜色可通过执行：菜单栏【编辑】→【首选项】→【用户界面】进行界面颜色的调整，与兄弟软件 Photoshop 的界面基本相同。

1）菜单栏：

菜单栏中提供了 9 个菜单选项，几乎在 Illustrator 中能用到的命令都集中在菜单栏中，包括文件、编辑、

对象、文字、选择、效果、视图、窗口和帮助菜单。单击菜单栏中的命令，就会打开相应的菜单。

2）工具栏：

工具栏上的选项是随着工具的改变而改变的，包含每个工具的属性设置。

3）工具箱：

工具箱中的一些工具用于选择、编辑和创建页面元素。而另一些工具用于选择文字、形状、线条和渐变。

图 1-34　Illustrator CS6 工作界面

可以改变工具箱的整体版面以适合您选用的窗口和面板版面。默认情况下，工具箱显示为垂直的一列工具。也可以将其设置为垂直两列或水平一行。但是，不能重新排列工具箱中各个工具的位置。可以拖动工具箱的顶端来移动工具箱。在默认工具箱中单击某个工具，可以将其选中。工具箱中还包含几个与可见工具相关的隐藏工具。工具图标右侧的箭头表明此工具下有隐藏工具。把鼠标指针移到含有三角的工具上，右击即可打开隐藏的工具，或者在工具上长按鼠标左键也可打开隐藏的工具，然后选择工具即可。

4）状态栏：
用于提供当前操作的帮助信息，如画板快速选择、文件显示大小等。

5）浮动面板：
Illustrator 在浮动面板区提供了几十个浮动面板，可以完成任务处理操作和工具参数设置。

2. 基本操作

1）快捷键

工具箱

移动工具【V】

直接选择工具、编组选择工具【A】

魔棒工具【Y】

套索工具【Q】

钢笔、添加锚点、删除锚点、转换锚点【P】

添加锚点工具【+】

删除锚点工具【-】

转换锚点工具【Shift】+【C】

文字、区域文字、路径文字、直排文字、直排区域文字、直排路径文字【T】

直线段、弧形、螺旋线、矩形网格、极坐标网格【\】

矩形、圆角矩形、椭圆、多边形、星形、光晕【M】

椭圆工具【L】

画笔工具【B】

铅笔、平滑、路径橡皮擦工具【N】

斑点画笔工具【Shift】+【B】

橡皮擦、剪刀、刻刀工具【Shift】+【E】

剪刀工具【C】

旋转工具【R】

镜像工具【O】

比例缩放、倾斜、整形工具【S】

宽度工具【Shift】+【W】

变形、旋转扭曲、缩拢、膨胀、扇贝、晶格化、褶皱工具【Shift】+【R】

自由变换工具【E】

形状生成器工具【Shift】+【M】

实时上色工具【K】

实时上色选择工具【Shift】+【L】

透视网格工具【Shift】+【P】

透视选取工具【Shift】+【V】

网格工具【U】

渐变工具【G】

吸管、度量工具【I】

混合工具【W】

符号喷枪、符号移位器、符号紧缩器、符号缩放器、符号旋转器、符号着色器、符号滤色器、符号样式器工具【Shift】+【S】

柱形图、堆积柱形图、条形图、堆积条形图、折线图、面积图、散点图、饼图、雷达图工具【J】

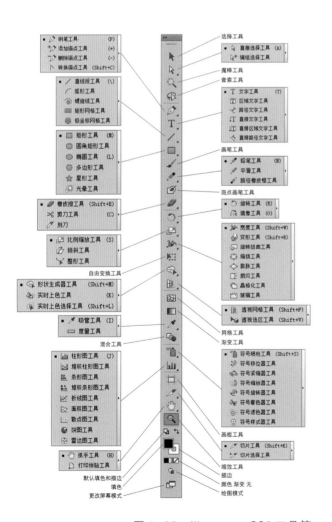

图 1-35　Illustrator CS6 工具箱

画板工具【Shift】+【O】

切片、切片选择工具【Shift】+【K】

抓手、打印拼贴工具【H】

缩放工具【Z】

默认填色和描边【D】

互换填充和描边【Shift】【X】

填色、描边【X】

切换为颜色填充【<】

切换为渐变填充【>】

切换为无填充【/】

绘图模式【Shift】+【D】切换模式

更改屏幕模式【F】

文件操作

新建 ...【Ctrl】+【N】

从模板新建 ...【Shift】+【Ctrl】+【N】

打开 ...【Ctrl】+【O】

在 Bridge 中浏览 ...【Alt】+【Ctrl】+【O】

关闭【Ctrl】+【W】

存储【Ctrl】+【S】

存储为 ...【Shift】+【Ctrl】+【S】

存储副本【Alt】+【Ctrl】+【S】

存储为 Web 所用格式【Alt】+【Shift】+【Ctrl】+【S】

恢复【F12】

文档设置【Alt】+【Ctrl】+【P】

文件信息【Alt】+【Shift】+【Ctrl】+【I】

打印【Ctrl】+【P】

退出【Ctrl】+【Q】

选择功能

全部【Ctrl】+【A】

现用画板上的全部对象【Alt】+【Ctrl】+【A】

取消选择【Shift】+【Ctrl】+【A】

重新选择【Ctrl】+【6】

上方的下一个对象【Alt】+【Ctrl】+】

下方的下一个对象【Alt】+【Ctrl】+【

存储所选对象【S】

编辑所选对象【E】

视图操作

预览【Ctrl】+【Y】

叠印预览【Alt】+【Shift】+【Ctrl】+【Y】

像素预览【Alt】+【Ctrl】+【Y】

放大【Ctrl】+【+】

缩小【Ctrl】+【-】

画板适合窗口大小【Ctrl】+【0】

全部适合窗口大小【Alt】+【Ctrl】+【0】

实际大小【Ctrl】+【1】

隐藏边缘【Ctrl】+【H】

隐藏画板【Shift】+【Ctrl】+【H】

隐藏模板【Shift】+【Ctrl】+【W】

显示标尺【Ctrl】+【R】

更改为全局标尺【Alt】+【Ctrl】+【R】

隐藏定界框【Shift】+【Ctrl】+【B】

显示透明度网格【Shift】+【Ctrl】+【D】

隐藏文本串接【Shift】+【Ctrl】+【Y】

隐藏渐变批注者【Alt】+【Ctrl】+【G】

隐藏参考线【Ctrl】+;

锁定参考线【Alt】+【Ctrl】+;

建立参考线【Ctrl】+【5】

释放参考线【Alt】+【Ctrl】+【5】

智能参考线【Ctrl】+【U】

透视网格【Shift】+【Ctrl】+【I】

显示网格【Ctrl】+"

对齐网格【Shift】+【Ctrl】+"

对齐点【Alt】+【Ctrl】+"

编辑菜单

还原【Ctrl】+【Z】

重做【Shift】+【Ctrl】+【Z】

剪切【Ctrl】+【X】

复制【Ctrl】+【C】

粘贴【Ctrl】+【V】

贴在前面【Ctrl】+【F】

贴在后面【Ctrl】+【B】

就地粘贴【Shift】+【Ctrl】+【V】

在所有画板上粘贴【Alt】+【Shift】+【Ctrl】+【V】

拼写检查【Ctrl】+【I】

颜色设置【Shift】+【Ctrl】+【K】

键盘快捷键【Alt】+【Shift】+【Ctrl】+【K】

首选项【Ctrl】+【K】

2）常用工具操作实例

以"国源检测 LOGO"为例，初步讲解 Illustrator CS6 基本操作工具。

图 1-36　国源检测 LOGO

在做练习之前我们先来了解一下贝塞尔曲线。贝塞尔曲线是 20 世纪 50 年代末到 60 年代初由法国数学家、工程师皮埃尔·贝塞尔发明，贝塞尔曲线从本质上来说是一个数学公式——计算从点 A 到点 B 的曲线路径。它可以被用来画无限多数量的不同形状，而 Illustrator 的"钢笔"工具就充分利用了这个体系。在 Illustrator 中用"钢笔工具"设定"锚点"和"方向点"及"曲线段"来实现矢量图形的绘制（如图 1-36）。在刚一开始使用"钢笔工具"的时候都会感到不太习惯，需要大量的练习才能适应，一旦掌握以后便能随心所欲地绘制出各种复杂的线条与图形。

Illustrator 中锚点的类型有四种：平滑点，有两个相关联的控制手柄，改变一个手柄的角度另一个也会变化，改变一个手柄的长度不影响另一个（如图 1-37）；直角点，两条直线的交点，它不存在控制手柄，只能通过改变它的位置来调整直线的一些走向（如图 1-38）；曲线角点，两条不同的曲线段在一个交会处的锚点，这样的锚点也是有两个控制手柄，但是之间没有任何联系，它们分别控制曲线角点两边的不同的两条曲线（如图 1-39）；组合角点，是曲线和直线的焦点，只有一条控制曲线的手柄（如图 1-40）。"钢笔工具"每在画板上点击一次，便会创建一个锚点。如果你要创建一个平滑点，在点击鼠标左键创建一个锚点时按住鼠标左键不松开，继续拖动鼠标便会创建一个平滑点。

在 Illustrator 中我们把用钢笔绘制的曲线段称为"路径"，而 Illustrator 的"路径查找器"面板也是它最重要和最强大的工具之一，它能够帮我们快速完成复杂图形的绘制工作。通过下面的实例讲解，能够让学

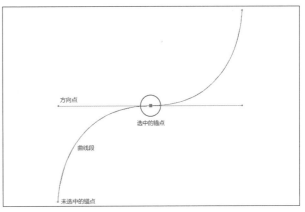

图 1-37　平滑点

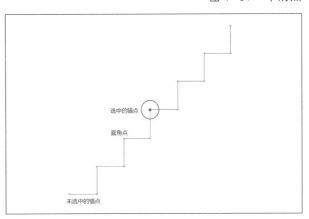

图 1-38　直角点

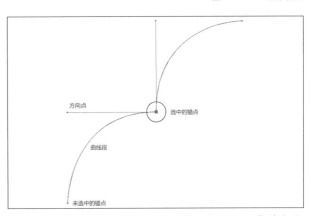

图 1-39 曲线角点

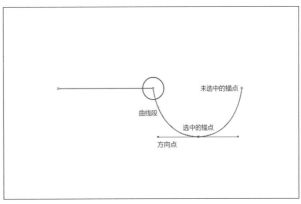

图 1-40　组合角点

生进一步了解"钢笔工具"和"路径查找器"面板的使用方法，并初步掌握 Illustrator 绘制插图的基本操作工具。

第一步 建立文件

STEP 01 建立文件，打开 Illustrator 单击菜单栏选择【文件→新建】或按快捷键【Ctrl】+【N】，在弹出的【新建文档】对话框中，设置信息如下（如图 1-41）：

- 名称：国源检测 LOGO 2015 / 01 / 20 原文件
- 配置文件：自定
- 画板数量：1
- 大小：自定
- 宽度：150mm
- 高度：150mm
- 单位：毫米
- 取向：纵向
- 出血：上方 0mm 下方 0mm 左方 0mm 右方 0mm
- 单位：毫米
- 颜色模式：CMYK
- 栅格效果：高（300ppi）
- 预览模式：默认值
- 单击确定

第二步 制作标志图形

STEP 02 创建新图层、建立矩形网格，单击菜单栏选择【窗口→图层】或按快捷键【F7】，在图层面板中单击鼠标左键选择"图层 1"（如图 1-42），（在图层面板中单击"切换锁定" 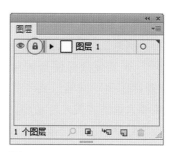 按钮，使矩形网格不可移动）单击工具箱选择【矩形网格工具】或按快捷键【\】，在弹出的【矩形网格工具选项】对话框中，设置信息如下（如图 1-43）：

- 宽度：150mm
- 高度：150mm
- 水平分隔线 数量：60
- 倾斜：0%
- 垂直分隔线 数量：60
- 倾斜：0%
- 使用外部矩形作为框架
- 单击确定

图 1-42

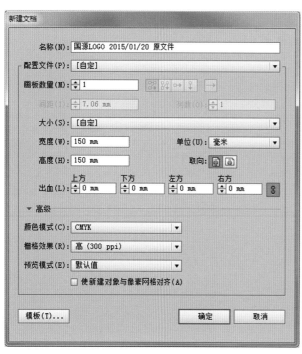

图 1-41

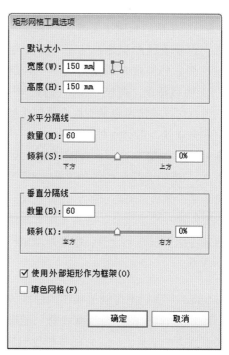

图 1-43

STEP 03 绘制圆形，单击工具箱选择【椭圆工具】或按快捷键【L】，用鼠标左键单击画面，在弹出的【椭圆】对话框中，设置信息如下（如图 1-44）：

- 宽度：47mm
- 高度：47mm
- 单击确定

STEP 04 填充颜色，用鼠标左键单击圆形边框，单击菜单栏选择【窗口→色板】，在色板面板中单击"新建色板" 🔲 按钮，在弹出的新建色板对话框中，设置信息如下（如图 1-45）：

- 色板名称：C 100% M 0% Y 0% K 0%
- 颜色类型：印刷色
- 颜色模式：CMYK
- 单击确定

STEP 05 绘制圆形框架，单击工具箱选择【椭圆工具】或按快捷键【L】，用鼠标左键单击画面，在弹出的【椭圆】对话框中，设置信息如下（如图 1-46）：

- 宽度：23mm
- 高度：23mm
- 单击确定

STEP 06 剪切图形，按住键盘上的【Shift】键，用鼠标左键单击新绘制的圆形边框，再用鼠标单击下面的蓝色圆形，使其都处于被选状态（如图 1-47），单击菜单栏选择【窗口→路径查找器】或按快捷键【Shift】+【Ctrl】+【F9】（如图 1-48），之后在弹出的路径查找器面板上，找到【形状模式】选项，并单击"减去顶层" 🔲 按钮，将蓝色实心圆形剪切为空心环形（如图 1-49）。

STEP 07 复制环形，用鼠标单击

环形，同时按下【Alt】+【Shift】键水平移动环形至画板右侧，松开鼠标和按键，画板中出现两个形状完全相同且在同一水平线上的环形，之后将两个环形交叉放置（如图 1-50）。

图 1-44

图 1-45

图 1-46

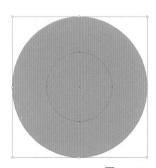

图 1-47

图 1-48

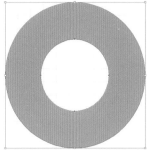

图 1-49

图 1-50

STEP 08 利用钢笔工具改变图形,选择左侧环形,单击工具箱选择【钢笔工具→添加锚点工具】或按快捷键【+】,单击鼠标左键在环形曲线路径上添加锚点,单击"直接选择工具" <img>将添加的锚点移动至直角(如图1-51),单击"方向点"调整曲线段,使其变成直线(如图1-52)。

图 1-51

图 1-52

STEP 09 分割图形,按住键盘上的【Shift】键,用鼠标左键单击两个环形,单击菜单栏选择【窗口→路径查找器】或按快捷键【Shift】+【Ctrl】+F9,在【路径查找器】中选择"分割" <img>按钮,将图形进行分割(如图1-54)。选择分割后的图形,单击鼠标右键选择【取消编组】或按快捷键【Shift】+【Ctrl】+【G】(如图1-53)。

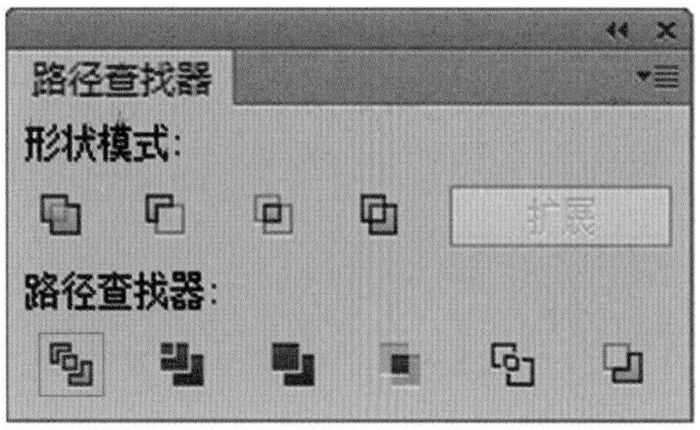

图 1-53

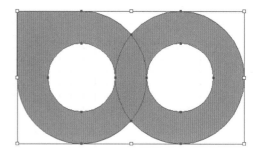

图 1-54

STEP 10 再次分割图形,单击工具箱中的【矩形工具】或按快捷键【M】,在图形垂直居中位置画出矩形框架,按住键盘上的【Shift】键,用鼠标左键单击框架和图形,在【路径查找器】选择"分割" <img>按钮,将图形横向分割(右侧图形也横向分割)(如图1-55)。

STEP 11 复制图形,将图形中间重合部分,进行复制【Ctrl】+【C】粘贴【Ctrl】+【V】,单击菜单栏选择【窗口→对齐】或按快捷键【Shift】+【F7】,选择"水平左对齐" <img>和"垂直底对齐" <img>按钮,将复制的图形原位重叠(如图1-56)。

图 1-55

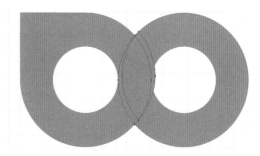

图 1-56

STEP 12 建立复合路径，按住键盘上的【Shift】键，用鼠标左键单击左侧底半圆、右侧顶半圆与中间重合部分全选，单击右键选择"建立复合路径"（如图1-57）。

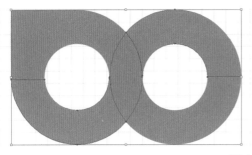

图 1-57

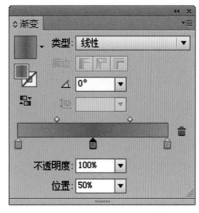

图 1-58

STEP 13 建立复合路径，按住键盘上的【Shift】键，再用鼠标左键单击左侧顶半圆、右侧底半圆与中间重合部分全选，单击右键选择"建立复合路径"。选择重新编组的图形，单击菜单栏选择【窗口→路径查找器】或按快捷键【Shift】+【Ctrl】+【F9】，选择"联集" 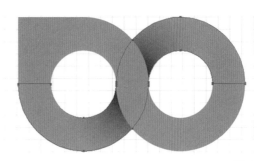 按钮。

STEP 14 选择建立的新图形填充渐变色,（如图1-59）单击工具箱选择【窗口→渐变】或按快捷键【G】，在弹出的【渐变】对话框,设置信息如下（如图1-58）:
- 类型：线性
- 角度：0°
- 左渐变滑块：C100 M0 Y0 K0
- 中渐变滑块：C100 M50 Y0 K0
- 右渐变滑块：C100 M0 Y0 K0
- 不透明度：100%
- 位置：50%

图 1-59

（第三步） 制作标志字

STEP 15 输入文字，单击工具箱中的"文字工具" 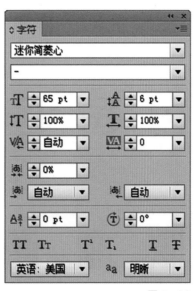 按钮或【T】，在画板上单击鼠标左键，输入文字"国源检测"（如图1-60）。

国源检测

图 1-60

STEP 16 更改文字信息，（如图1-62）单击菜单栏选择【窗口→文字→字符】或按快捷键【Ctrl】+【T】，单击字符面板中的"显示选项" 按钮，更改字符信息（如图1-61）:
- 设置字体系列：迷你简菱心
- 设置字体样式：-
- 设置字体大小：65pt

图 1-61

- 设置行距：6pt
- 垂直缩放：100%
- 水平缩放：100%
- 设置两个字符间的字距微调：自动
- 设置所选字符的字距调整：0
- 比例间距：0%
- 插入空格（左）：自动
- 插入空格（右）：自动
- 设置基线偏移：0pt
- 字符旋转：0°
- 语言：英语：美国
- 设置消除锯齿方法：明晰

STEP 17 创建文字轮廓，单击工具箱中的"选择工具" 按钮或按快捷键【V】，用鼠标左键选择文字，单击鼠标右键选择"创建轮廓"使文字变为图形，可通过锚点调整形状（如图1-63）。

STEP 18 利用钢笔工具调整字形，单击工具箱中的"钢笔工具" 按钮或按快捷键【P】，按住【Ctrl】键调整锚点更改文字图形（如图1-64）。

STEP 19 删减锚点，单击工具箱中的"直接选择工具" 按钮或按快捷键【A】，选择文字图形删除的部分，按【Delete】键删除。按住【Ctrl】键调整锚点更改文字图形，应用工具箱中的"删除锚点工具" 按钮或按快捷键【-】，删除多余锚点（如图1-65）。

STEP 20 添加锚点，单击工具箱中的"钢笔工具" 按钮或按快捷键【P】，按住【Ctrl】键调整锚点更改文字图形（如图1-66）。应用工具箱中的"添加锚点工具" 按钮或按快捷键【+】，添加锚点并调整锚点位置（如图1-67）。

STEP 21 填充文字颜色，（如图1-69）单击菜单栏选择【窗口→色板】，在色板面板中单击 "新建色板"按钮，在弹出新建色板对话框中，设置信息如下（如图1-68）：

图 1-62

图 1-63

图 1-64

图 1-65

图 1-66

图 1-67

图 1-68

- 色板名称：C=100 M=0 Y=0 K=0
- 颜色类型：印刷色
- 颜色模式：CMYK
- 单击确定

第四步　**存储输出文件**

STEP 22 存储文件，单击菜单栏选择【文件→存储为】或按快捷键【Shift】+【Ctrl】+【S】，在弹出的【存储为】对话框中，设置信息如下（如图 1–70）：
- 保存在：通过黑色三角打开下拉菜单选择所要存储的盘符与文件夹
- 文件名：国源检测 LOGO 2015 / 01 / 20 原文件
- 格式：*.AI
- 单击保存

STEP 23 输出文件，单击菜单栏选择【文件→存储为】或按快捷键【Shift】+【Ctrl】+【S】，在弹出的【存储为】对话框中，设置信息如下（如图 1–71）：
- 保存在：通过黑色三角打开下拉菜单选择所要存储
  的盘符与文件夹
- 文件名：国源检测 LOGO 2015 / 01 / 20 输出文件
- 格式：*.EPS
- 单击保存

图 1–69

图 1–70

图 1–71

第四节　走进 InDesign CS6

InDesign 是 Adobe 公司，在 1999 年 9 月 1 日发布的一款功能强大的排版软件，虽然出道较晚，但在功能上的完美与成熟让它迅速占领了市场。InDesign 博众家之长，从多种桌面排版技术汲取精华，为书籍、杂志、折页等设计工作提供了一系列灵活且兼容性强的排版功能，尤其是 InDesign 基于面向对象的开放体系，大大增加了专业设计人员用排版工具软件表达创意和观点的能力，比之前 Adobe 公司推出的 PageMaker 更卓越，可操控感更好。

InDesign 与 PhotoShop、Illustrator 的超强整合，让设计师在 InDesign 中不但可以调入其他软件来修改，同时还提供了一些基本的图形绘图工具，让创作更便捷。重要的是三个软件共享了核心处理技术，提供了工业上首个实现屏幕和打印一致的能力，显示方面则采用了 Adobe CoolType 显示字体效果，并利用 RainbowBridge 对颜色进行精确的管理。这些核心技术确保工作流程更为顺畅，使制作效果得到保证，不会在调入完成图档后始出现印刷和显示的问题，这都是其它排版软件望其项背的。

1. 界面介绍

启动 InDesign 后，可以看到用于图像操作的菜单栏，工具栏以及控制面板的工作界面。界面简洁、操作方便，呈灰色。界面的颜色可通过执行：菜单栏【编辑】→【首选项】→【用户界面】进行调整。

1）菜单栏：

菜单栏中提供了 9 个菜单选项，几乎在 InDesign 中能用到的命令都集中在菜单栏中，包括文件、编辑、

版面、文字、对象、表、视图、窗口和帮助菜单。单击菜单栏中的命令，就会打开相应的菜单。

2）工具栏：

工具栏上的选项是随着工具的改变而改变的，包含每个工具的属性设置。

3）工具箱：

工具箱中的一些工具用于选择、编辑和创建页面元素。

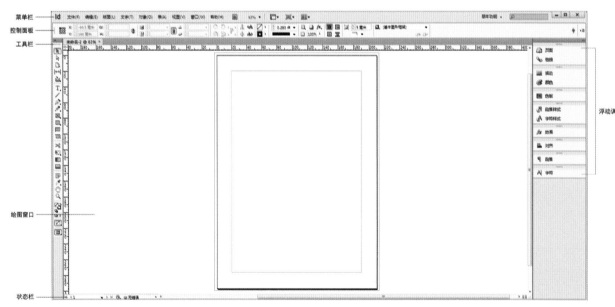

图 1-72　InDesign CS6 工作界面

而另一些工具用于选择文字、形状、线条和渐变。可以改变工具箱的整体版面以适合您选用的窗口和面板版面。默认情况下，工具箱显示为垂直的一列工具。也可以将其设置为垂直两列或水平一行。但是，不能重新排列工具箱中各个工具的位置。可以拖动工具箱的顶端来移动工具箱。在默认工具箱中单击某个工具，可以将其选中。工具箱中还包含几个与可见工具相关的隐藏工具。工具图标右下方有小黑三角符号的，表明此工具下有隐藏工具。单击并按住工具箱内的当前工具，然后选择需要的工具，即可选定隐藏工具。

4）状态栏：

用于提供当前操作的帮助信息，如画板快速选择、文件显示大小等。

5）浮动面板：

InDesign 在浮动面板区提供了几十个浮动面板，可以完成任务处理操作和工具参数设置。

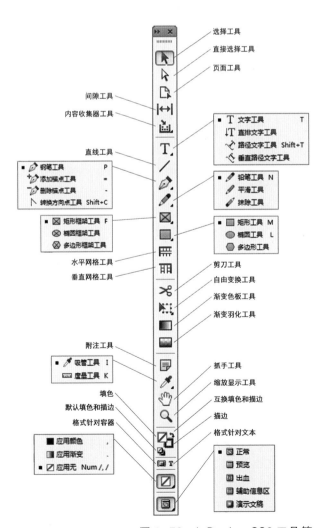

图 1-73　InDesign CS6 工具箱

2. 基本操作

1）快捷键

工具箱

选择工具【V，Esc】

直接选择工具【A】

页面工具【Shift】+【P】

间隙工具【U】

内容收集器工具【B】

文字工具【T】

路径文字工具【Shift】+【T】

直线工具【\】

钢笔工具【P】

添加锚点工具【=】

删除锚点工具【–】

转换方向点工具【Shift】+【C】

铅笔工具【N】

矩形框架工具【F】

矩形工具【M】

椭圆工具【L】

水平网格工具【Y】

垂直网格工具【Q】

剪刀工具【C】

自由变换工具【E】

渐变色板工具【G】

渐变羽化工具【Shift】+【G】

吸管工具【I】

度量工具【K】

抓手工具【H】

缩放显示工具【Z】

度量工具【K】

互换填色和描边【Shift】+【X】

填色、描边【X】

默认填色和描边【D】

格式针对容器、文本【J】

应用颜色【，】

正常【W】

文件操作

新建文档【Ctrl】+【N】

打开 ...【Ctrl】+【O】

在 Bridge 中浏览 ...【Alt】+【Ctrl】+【O】

关闭【Ctrl】+【W】

存储【Ctrl】+【S】

存储为 ...【Shift】+【Ctrl】+【S】

存储副本 ...【Alt】+【Ctrl】+【S】

置入【Ctrl】+【D】

导出【Ctrl】+【E】

文档设置【Alt】+【Ctrl】+【P】

文件信息【Alt】+【Shift】+【Ctrl】+【I】

打印【Ctrl】+【P】

打印 / 导出网格【Alt】+【Shift】+【Ctrl】+【P】

退出【Ctrl】+【Q】

编辑菜单

还原"默认描边和填色"【Ctrl】+【Z】

重做【Shift】+【Ctrl】+【Z】

剪切【Ctrl】+【X】

复制【Ctrl】+【C】

粘贴【Ctrl】+【V】

粘贴时不包含格式【Shift】+【Ctrl】+【V】

贴入内部【Alt】+【Ctrl】+【V】

粘贴时不包含网格格式【Alt】+【Shift】+【Ctrl】+【V】

清除【Backspace】

应用网格格式【Alt】+【Ctrl】+【E】

直接复制【Alt】+【Shift】+【Ctrl】+【D】

多重复制【Alt】+【Ctrl】+【U】

全选【Ctrl】+【A】

全选取消选择【Shift】+【Ctrl】+【A】

注销【Ctrl】+【F9】

登记【Shift】+【Ctrl】+【F9】

全部登记【Alt】+【Shift】+【Ctrl】+【F9】

更新内容【Ctrl】+【F5】

在文章编辑器中编辑【Ctrl】+【Y】

快速应用【Ctrl】+【Enter】

查找 / 更改【Ctrl】+【F】

查找下一个【Alt】+【Ctrl】+【F】

拼写检查【Ctrl】+【I】

首选项【Ctrl】+【K】

视图操作

叠印预览【Alt】+【Shift】+【Ctrl】+【Y】

放大【Ctrl】+【=】

缩小【Ctrl】+【-】

使页面适合窗口【Ctrl】+【0】

使跨页适合窗口【Alt】+【Ctrl】+【0】

实际尺寸【Ctrl】+【1】

完整粘贴板【Alt】+【Shift】+【Ctrl】+【0】

演示文稿【Shift】+【W】

快速显示【Alt】+【Shift】+【Ctrl】+【Z】

典型显示【Shift】+【Ctrl】+【9】

高品质显示【Alt】+【Shift】+【Ctrl】+【9】

隐藏标尺【Ctrl】+【R】

隐藏框架边缘【Ctrl】+【H】

显示文本串接【Alt】+【Ctrl】+【Y】

隐藏传送装置【Alt】+【B】

隐藏参考线【Ctrl】+【;】

锁定参考线【Alt】+【Ctrl】+【;】

靠齐参考线【Shift】+【Ctrl】+【;】

智能参考线【Ctrl】+【U】

显示基线网格【Alt】+【Ctrl】+【'】

显示文档网格【Ctrl】+【'】

靠齐文档网格【Shift】+【Ctrl】+【'】

显示版面网格【Alt】+【Ctrl】+【A】

靠齐版面网格【Alt】+【Shift】+【Ctrl】+【A】

隐藏框架字数统计【Alt】+【Ctrl】+【C】

隐藏框架网格【Shift】+【Ctrl】+【E】

显示结构【Alt】+【Ctrl】+【1】

对象编辑

移动【Shift】+【Ctrl】+【M】

再次变换序列【Alt】+【Ctrl】+【4】

置于顶层【Shift】+【Ctrl】+【]】

前移一层【Ctrl】+【]】

后移一层【Ctrl】+【[】

置为底层【Shift】+【Ctrl】+【[】

上方第一个对象【Alt】+【Shift】+【Ctrl】+【]】

上方下一个对象【Alt】+【Ctrl】+【]】

下方下一个对象【Alt】+【Ctrl】+【[】

下方最后一个对象【Alt】+【Shift】+【Ctrl】+【[】

容器【Esc】

内容【Shift】+【Esc】

编组【Ctrl】+【G】

取消编组【Shift】+【Ctrl】+【G】

锁定【Ctrl】+【L】

解锁跨页上的所有内容【Alt】+【Ctrl】+【L】

隐藏【Ctrl】+【3】

显示跨页上的所有内容【Alt】+【Ctrl】+【3】

框架网格选项【Ctrl】+【B】

按比例填充框架【Alt】+【Shift】+【Ctrl】+【C】

按比例适合内容【Alt】+【Shift】+
【Ctrl】+【E】

效果【Alt】+【Ctrl】+【M】

剪切路径选项【Alt】+【Shift】+
【Ctrl】+【K】

建立复合路径【Ctrl】+【8】

释放复合路径【Alt】+【Shift】+
【Ctrl】+【8】

2）常用排版工作操作实例

以《吉林艺术学院研究生招生简章》其中的一个对页为例，初步讲解 InDesign CS6 基本操作工具。

第一步 建立文件

STEP 01 建立文件，打开 InDesign 单击菜单栏选择【文件→新建】或按快捷键【Ctrl】+【N】，在弹出的【新建文档】对话框中，设置信息如下（如图 1-75）：

· 用途：打印

· 页数：3

· 起始页码：1

· 对页

· 页面大小：自定

· 宽度：140 毫米

· 高度：240 毫米

· 页面方向：纵向

· 装订：从左到右

· 出血：上 3 毫米 下 3 毫米
  内 3 毫米 外 3 毫米

· 单击边距和分栏

STEP 02 设置边距和分栏，在弹出的【新建边距和分栏】对话框中，设置信息如下（如图 1-76）：

· 边距：上 15 毫米 下 15 毫米
  内 20 毫米 外 15 毫米

· 栏数：1

· 栏间距：5 毫米

· 排版方向：水平

· 单击确定

图 1-74 《吉林艺术学院研究生招生简章》内页

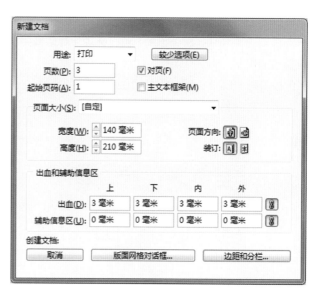

图 1-75

图 1-76

STEP 03 添加页面，单击菜单栏选择【窗口→页面】或按快捷键【F12】（如图 1-77）。

STEP 04 插入页面，用鼠标右键点击面板中的页面，选择插入页面（如图 1-78）。

· 页数：2

· 插入：页面后 1

· 主页：A- 主页

· 单击确定

（第二步） 制作图形

STEP 05 绘制矩形框架，单击工具箱选择【工具栏→矩形框架工具】或按快捷键【F】，在弹出的【矩形框架工具】对话框中，设置信息如下（如图 1-79）：

· 宽度：47mm

· 高度：47mm

STEP 06 填充颜色，用鼠标左键单击矩形框架，选择菜单栏中的【窗口→颜色→色板】（如图 1-80）。

STEP 07 更改颜色信息，在面板中新建色板 用鼠标左键双击颜色块，在弹出的【色板选项】对话框中，设置信息如下（如图 1-81）：

· 色板名称：C=0 M=100 Y=100 K=0

· 以颜色值命名

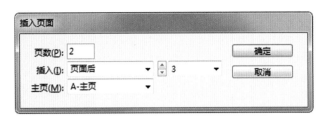

图 1-78

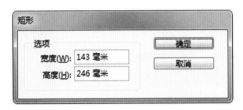

图 1-79

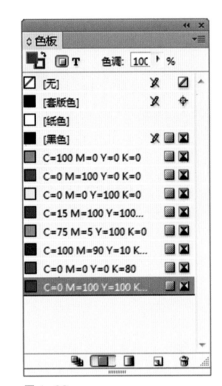

图 1-80

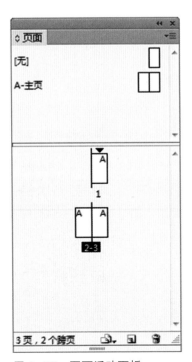

图 1-77 页面浮动面板

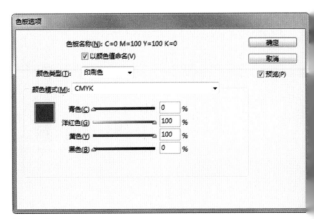

图 1-81

- 颜色类型：印刷色
- 颜色模式：CMYK
- 单击确定

STEP 08 输入文字，单击工具箱选择【工具栏→文字工具】，在绘图窗口单击左键绘制文字框架，输入文字信息。

STEP 09 更改文字设置，单击菜单栏选择【窗口→文字和表→字符】或按快捷键【Ctrl】+【T】，选择文字设置字符信息如下（如图1-82）：
- 字体系列：创艺简标宋
- 字体样式：Regular
- 字体大小：281点

- 行距：6点
- 垂直缩放：100%
- 水平缩放：100%
- 字偶间距：原始设定
- 字符间距：0
- 比例间距：0%
- 网格指定格数：0
- 基线偏移：0点
- 字符旋转：0°
- 倾斜：0°
- 字符前挤压间距：自动
- 字符后挤压间距：自动
- 语言：中文：简体（如图1-83）

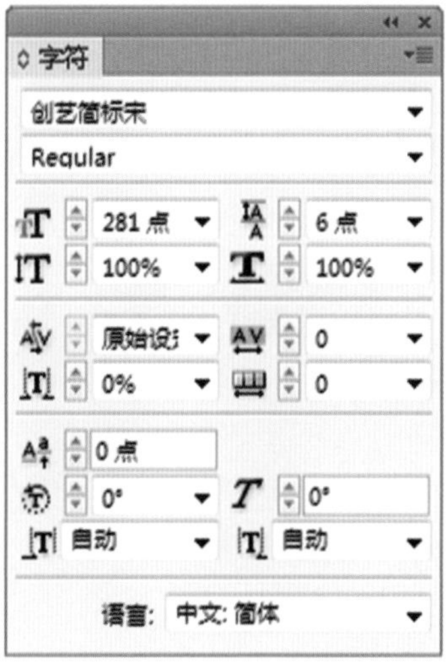

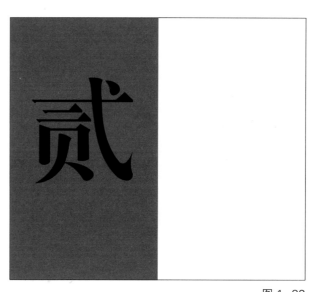

图 1-82

图 1-83

STEP 10 绘制直线，单击工具箱选择【工具栏→钢笔工具】，从点 A 到点 B 画一条斜线。

STEP 11 更改直线类型，单击菜单栏选择【窗口→描边】或按快捷键【F10】，用鼠标左键选择斜线设置描边信息如下（如图1-84）：
- 粗细：1.417
- 对齐描边：描边对齐中心
- 类型：圆点
- 起点：无
- 终点：无

图 1-84

· 间隙颜色：无（如图1–85）

STEP 12 遮挡文字，将点线分割的部分文字删除，单击工具箱中的【工具栏→钢笔工具】或按快捷键【P】，画出直角框架并填充颜色。

STEP 13 置入矢量图形元素，单击菜单栏选择【文件→置入】或按快捷键【Ctrl】+【D】，将矢量图形填充颜色，再将图形放置文字的前一层。

STEP 14 置入适量LOGO，单击菜单栏选择【文件→置入】或按快捷键【Ctrl】+【D】，单击工具箱中的【工具栏→选择工具】或按快捷键【V, Esc】，按住【Ctrl】拖拽图形调整大小（保证等比例缩放）点击鼠标左键进行拖拽，调整到满意的尺寸（如图1–86）。

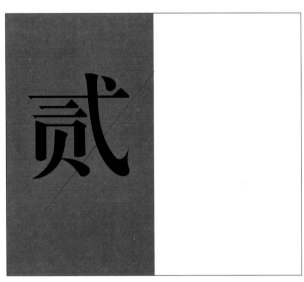

图 1–85

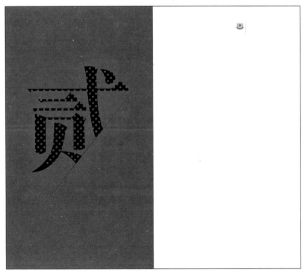

图 1–86

（第三步） 制作文字

STEP 15 输入文字，单击工具箱中的【工具栏→文字工具】或按快捷键【T】，在绘图窗口单击左键绘制文字框架，输入文字信息。

STEP 16 更改文字设置，单击菜单栏选择【窗口→文字和表→字符】或按快捷键【Ctrl】+【T】，用鼠标左键选择文字设置字符信息如下（如图1–87）：

· 字体系列：微软雅黑
· 字体样式：Regular
· 字体大小：32 点
· 行距：6 点
· 垂直缩放：100%
· 水平缩放：100%
· 字偶间距：原始设定
· 字符间距：0
· 比例间距：0%
· 网格指定格数：0
· 基线偏移：0 点
· 字符旋转：0°
· 倾斜：0°
· 字符前挤压间距：自动
· 字符后挤压间距：自动
· 语言：中文：简体

图 1–87

STEP 17 更改文字颜色，用鼠标左键双击文字框架选取文字信息，单击菜单栏选择【窗口→颜色→色板】，在面板中选择【纸色】（如图1-88）。

STEP 18 建立段落样式，用鼠标左键单击文字框架，单击菜单栏选择【窗口→样式→段落样式】，点击面板创建新样式（如图1-89），用鼠标左键双击【段落样式1】修改段落样式选项（如图1-90）。

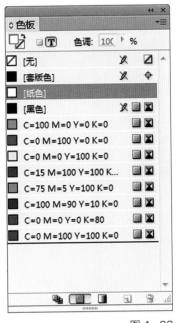

图 1-88

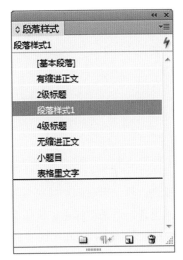

图 1-89

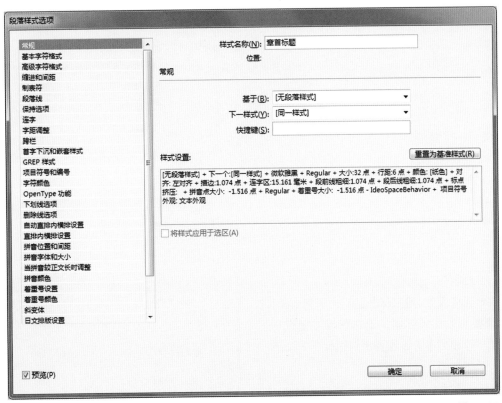

图 1-90

STEP 19 应用段落样式区分文字级别，可将文字按字号大小分为一级标题、二级标题、正文等（如图1-91）。

（第四步）　制作表格

STEP 20 建立文字框架，单击工具箱中的【工具栏→文字工具】或按快捷键【Ctrl】+【T】，在绘图窗口单击鼠标左键绘制文字框架。

STEP 21 插入表，用鼠标左键双击文本框架，单击菜单栏选择【表→插入表】或按快捷键【Alt】+【Shift】+【Ctrl】+【T】，在弹出的【插入表】对话框中，设置信息如下（如图1-92）：

- 正文行：10
- 列：4
- 表头行：0
- 表尾行：0
- 表样式：【基本表】

STEP 22 更改表设置，用鼠标左键双击表格框架，按住左键将表格全选，单击鼠标右键选择【表选项→表设置】或按快捷键【Alt】+【Shift】+【Ctrl】+【B】，设置弹出对话框信息如下（如图1-93）：

- 正文行：10
- 列：4
- 表头行：0
- 表尾行：0
- 粗细：0.709点
- 类型：实底
- 颜色：黑色
- 色调：100%
- 间隙颜色：纸色
- 间隙色调：100%
- 表前距：1毫米
- 表后距：1毫米
- 绘制：最佳连接
- 单击确定

STEP 23 更改单元格设置，用鼠标左键双击表格框架，按住左键选择要修改的单元格，单击鼠标右键选择【单元格选项→行和列】，设置弹出对话框信息如下（如图1-94）：

- 行高：最少 10毫米
- 最大值：200毫米
- 起始行：任何位置

- 单击确定

STEP 24 更改单元格颜色，用鼠标左键双击表格框架，按住左键选择要修改的单元格，单击鼠标右键选择【单元格选项→描边和填色】，设置弹出对话框信息如下（如图1-95）：

图1-91

图1-92

图1-93

- 粗细: 0.709 点
- 类型: 实底
- 颜色: 黑色
- 色调: 100%
- 间隙颜色: 纸色
- 间隙色调: 100%
- 颜色: C=0 M=100 Y=100 K=0
- 色调: 100%
- 单击确定（如图 1-96）

STEP 25 在单元格内输入文字，用鼠标左键双击表格框架，双击鼠标左键在单元格内输入文字。

STEP 26 更改文字设置，单击鼠标右键【单元格选项→文本】或按快捷键【Alt】+【Ctrl】+【B】，设置弹出对话框信息如下（如图 1-97）：
- 排版方向: 水平
- 单元格内边距: 上 1 毫米 下 1 毫米 左 1 毫米 右 1 毫米

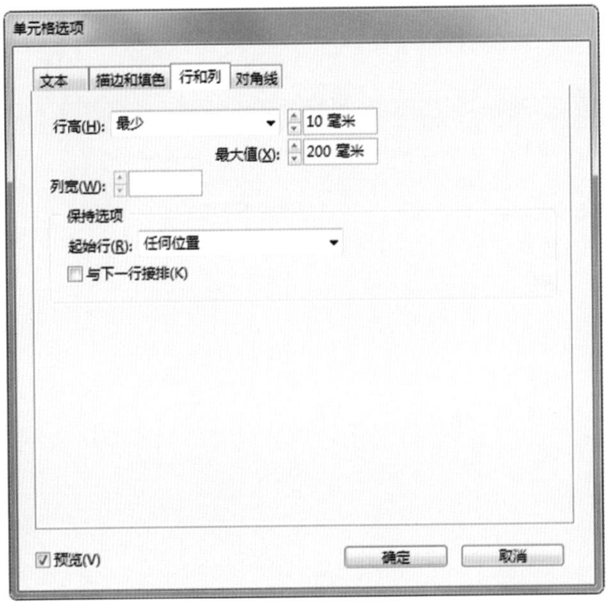

图 1-94

图 1-96

图 1-95

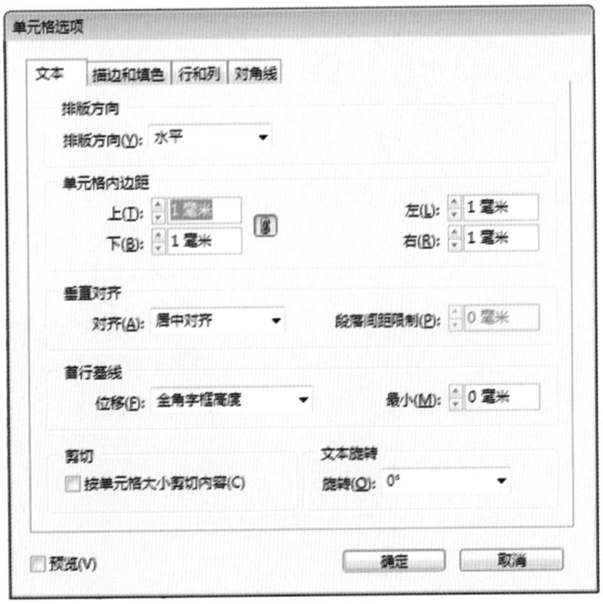

图 1-97

- 对齐：居中对齐
- 位移：全角字框高度
- 最小：0 毫米
- 旋转：0°
- 单击确定（如图 1-98）

存储输出文件

STEP 27 存储文件，单击菜单栏选择【文件→存储为】或按快捷键【Shift】+【Ctrl】+【S】，在弹出的【存储为】对话框中，设置信息如下（如图 1-99）：

- 保存在：通过黑色三角打开下拉菜单选择所要存储的盘符与文件夹
- 文件名：吉林艺术学院研究生招生简章内页 2012 / 11 / 13 源文件
- 格式：InDesign CS6 文档
- 单击保存

图 1-98

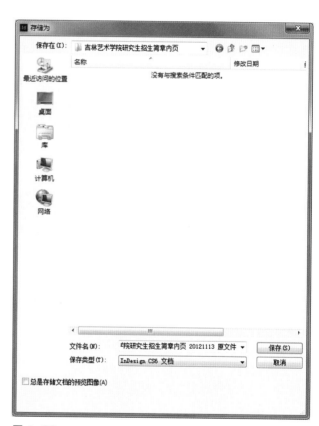

图 1-99

STEP 28 输出文件，单击菜单栏选择【文件→导出】或按快捷键【Ctrl】+【E】，在弹出的【导出】对话框中，设置信息如下（如图 1-100）：

· 保存在：通过黑色三角打开下拉菜单选择所要存储的盘符与文件夹

· 文件名：吉林艺术学院研究生招生简章内页 2012 /
11 / 13 输出文件

· 格式：Adobe PDF（交互）

· 单击保存

图 1-100

第二章
平面设计常用软件——实践篇

平面基础设计软件的掌握是一个平面设计师从业的必备技能，公司在招聘信息中一般都会要求应聘的平面设计师熟练掌握：Adobe Photoshop、Illustrator、InDesign 三款当下最常用的平面设计软件，它是平面设计师迈向职业生涯的第一个门槛。

设计软件是设计师用来表现创意的重要手段，也是当下平面输出的必备工具。因此，在平面软件的学习过程中，要求学生在掌握软件应用技术的同时，还要学习与之相关的印刷常识。本章将通过七个经典的商业设计案例，让学生从入门到精通，了解与项目相关的设计知识，为下一步的专业课程学习打好基础。

第一节　项目1　商业海报

海报是平面设计专业的核心课程，涵盖了图形、文字、色彩、版面，是最能代表平面设计形式特征的设计类别。地产海报属于商业海报的范畴，海报扮演的角色是广告传播的媒体，以传达商业信息、实现促销为目的，因此我们多半称此类海报为商业广告。此案例中客户要求传达写字楼即将上市的信息，主打写字楼形象。要求设计使用 Photoshop 将基本素材调整到具有 5A 级写字楼商业氛围的效果。制作内容相对简单，主要涉及到 Photoshop 中的图像编辑与处理工具，适合刚刚学习 Photoshop 的初学者。

1. 课程要求

1）训练要求

A. 掌握 Photoshop 中图像编辑与图像处理工具的使用技巧。

B. 深入了解 Photoshop 中与此项目相关的印刷常识。

C. 熟悉海报制作的基本流程。

2）学习难点

A. Photoshop 中图像的调色功能与使用技巧。

B. 路径抠图工具的使用技巧。

3）课程概况

课题名称：计算机辅助平面设计——商业海报

课题内容：制作完成一张房地产海报，从素材整理、PS 修图、调色、文字编辑、排版到最终制作成稿。整张海报要凸显"环球贸易中心"的商业领袖气质，明确传达写字楼销售信息。要求设计完成的稿件最终是能够按印刷标准输出的成品稿件。（图 2-1）

课题时间：6 课时 + 课余时间

训练目的：通过对房地产海报的制作，让学生掌握 PS 的图像处理功能，深入了解 PS 的制作流程，了解与此项目相关的印刷基本常识。

图 2-1　环球贸易中心海报

教学方法：采用实践项目教学法，按发现问题（分析案例）、解决问题（教师示范）、巩固知识（学生练习）的流程方式完成课题任务。通过分析案例让学生自主思考此项目是如何完成的，从而发现问题、提出问题，然后再进入解决问题阶段教师示范制作过程，这样能更好地调动学生自主学习的积极性。最终通过课题作业的制作完成，让学生巩固学到的知识点。

教学要求：先系统学习项目 1 涉猎到的 PS 工具，学习制定项目制作流程，了解项目涉及的印刷常识，项目 1 的素材从指定网站下载，最终排版效果可自由发挥。

作业评价：1. 作品画面完整，信息传达准确。
2. 制作文件思路清晰，图层面板名称明确、有序。
3. 作品符合印刷成稿要求。
4. 海报符合项目客户要求，突出写字楼的商业氛围。

2. 相关知识点

1）海报制作相关印刷常识

（1）海报的尺寸

A. 开数，也称纸张开数，用于表述印刷过程的纸张尺寸。一般广泛出售的印刷用纸尺寸为大度 889mm×1194mm、正度 787mm×1092mm，称为全开纸，即大度全开、正度全开。一张全开纸上最多能裁切出几个同样尺寸的纸张，则所裁切尺寸纸张称为几开，如对折后为"对开"（或二开、2K），对折再对折为四开，以此类推。

以下为常用的印刷成品尺寸：

开数	正度	大度
2K	740mm×520 mm	840 mm×570 mm
4K	520 mm×370 mm	570 mm×420 mm
8K	370 mm×260 mm	420 mm×285 mm
16k	210 mm×285 mm	260 mm×185 mm
24k	210 mm×185 mm	185 mm×170 mm
32k	210 mm×140 mm	185 mm×130 mm

海报最长采用的尺寸为 2K、4K、8K，常见的宣传类海报多采用 2k，而此项目中的房地产海报为街头派发使用，尺寸采用 8K 正度 370 mm×260 mm。

B. 出血，全称为"出血位"又称"初削位"是印刷术语。是指印刷时为保留画面有效内容预留出的方便裁切的部分。印刷中的初削是为保护成品裁切时，有色彩的地方在非故意的情况下，露白边或裁到内容。这就好比把一个填好色的圆形从一张白纸上剪下来，你会发现你很难一点不差地剪掉颜色或漏出白边。所

以制作的时候我们分为设计尺寸和成品尺寸，设计尺寸总是比成品尺寸大，大出来的边缘部分是要在印刷后裁切掉的，这个要印出来并裁切掉的部分就称为出血。我们在设计项目 1 的海报时，会在成品尺寸的基础上，在画面四周各加 3mm 出血。

如：成品尺寸是 370mm×260mm；设计尺寸就是 376mm×266mm。

（2）印刷成稿要求

A. 色彩模式：在 Photoshop 菜单栏图像 – 模式中，我们可以选择文件所采用的色彩模式。印刷要求彩色成品稿件必须为 CMYK 模式，CMYK 也称作印刷色彩模式，只有 CMYK 模式的文件才可以在印刷机上进行彩色印刷。C：青色；M：红色；Y：黄色；K：黑色，这也是印刷机上印刷油墨的颜色种类。印刷油墨主要包括四色油墨和专色油墨两种，我们看到的一般印刷品都是由四色油墨印制而成。

B. 图像分辨率：在 Photoshop 菜单栏图像大小中，我们可以设置图像的分辨率。分辨率是指单位长度内所含像素点的数量，通常情况下图像的分辨率越高，所包含的像素就越多，图像就越清晰，印刷的质量也就越好。同时，它也会增加文件占用的存储空间。通常印刷品要求设置为 300 像素 / 英寸。

C. 文件格式：Photoshop 输出的成品文件格式最常用的主要有以下 2 种，TIFF 文件是以 .tif 为扩展名的文件，对图像色彩的还原效果最好，损失最小，所需的存储空间也最大。支持 MAC 和 PC 系统，兼容性很好；PDF 是文件以 .pdf 为扩展名的文件，PDF 是以 PostScript 语言图像模型为基础，无论在哪种打

印机上都可保证精确的颜色和准确的打印效果，即PDF会精确地再现原稿的每一个字符、颜色以及图像。PDF格式有文件小、效果佳、兼容性强等优点，是当下印刷成品文件最常采用的输出格式。

D. 黑色的设置：在Photoshop成品文件制作过程中，黑色的设置是要尤为注意的。由于印刷采用的是分色印刷模式，为了避免在套印时小的黑色文字出现不清晰重影或漏白边的现象，在制作文件时，给较小的文字填充黑色时，应将颜色值设置为单色黑（C: 0, M: 0, Y: 0, K: 100）；在该文字图层面板中选择【正片叠底】模式。而在填充大面积黑色时，为了让印出的成品看上去颜色更黑、更纯正，会将颜色值设置为四色黑：C75, M68, Y67, K90。

2）海报设计相关知识点

（1）海报的概念

海报一词，源于清朝时期西方人从海上运货入我国沿海码头，为了推销其商品而四处张贴广告，当地居民由此称其为"海报"。海报，又称"招贴"，英文名称是："poster"，是指张贴在木柱、墙上等处的印刷宣传品。海报是人们极为常见的一种招贴形式，多用于电影、文化活动、公益宣传、商业广告等。海报中通常要写清楚宣传的内容、性质、活动主办单位、活动时间、活动地点等内容，要求文字简明扼要，形式新颖美观。

（2）海报的分类

海报按其内容不同大致可以分为商业海报、文化海报、艺术海报、电影海报、公益海报。

A. 商业海报

是指宣传、销售商品或商业服务的商业广告性海报。此海报已成为商业传播的媒介，以传达商业信息达到销售目的为宗旨。商业海报的范畴很广，主要包括：企业形象宣传海报、地产营销海报、产品促销海报等。

B. 文化海报

是指各种社会文娱活动及各类展览的宣传海报。如：国学讲座海报、画展海报、联欢晚会海报、音乐会海

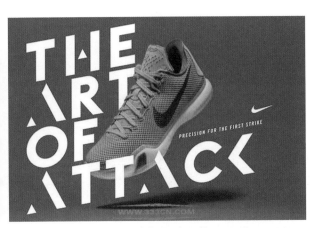

图2-2　NIKE海报设计/[美] Paul Hutchison

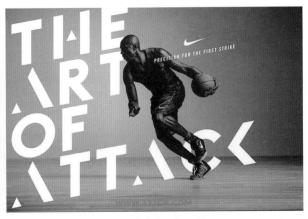

图2-3　NIKE海报设计/[美] Paul Hutchison

图2-4　李永铨作品展海报/李永铨

报等，设计师需要了解展览和活动的内容才能运用恰当的方法表现其内容和风格。

C. 艺术海报
是指以表现设计师个人观点、意识，带有强烈个人风格和情感的海报。这类海报创作题材丰富、自由，受到艺术家、设计师的青睐。

D. 电影海报
是为影片宣传设计的主题性海报，和文化类海报近

似。电影海报与影片故事情节紧密相连，以刺激视觉达到吸引观众为目的。

E. 公益海报
海报的设计内容是为社团、政党、政府等社会团体服务，这类海报具有特定的教育意义。主要包括各种社会公益活动、环境保护、道德宣传、政党竞选或政治思想的宣传等。

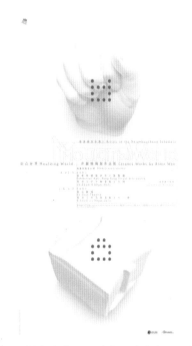

图 2-5 尹丽娟陶瓷作品展海报 / 李永铨

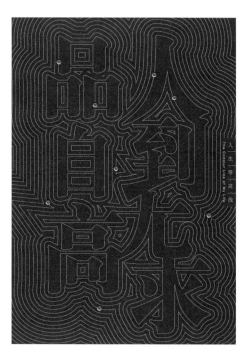

图 2-6 《人生等高线》/ 陈永利

图 2-7 《老男孩之猛龙过江》/sanc1989

（3）海报的设计原则

A. 原创原则

原创可以是无中生有也可以是旧元素的新组合，海报设计的原创贵在理念的创新与视角的不同。好的作品不在于形式的繁杂，往往是那些最直接、最巧妙的画面，更容易打动观者，从而产生共鸣。

B. 一致原则

海报设计包含了平面设计的所有基本设计要素——文字、图形、色彩、版式，在设计过程中，设计师必须让所有设计元素保持一致。大标题字体的图形、图像资料的选用、色彩的选择以及版式的设计形式都要尽可能地统一在同一种风格下，正所谓"物以类聚"。以达到画面和谐、凸显主题的目的。

C. 延续性原则

海报设计要有可扩展的空间，在同一个创作原则下可以变换不同的表现手法，形成系列化作品，以保证海报宣传系列设计的一致性。

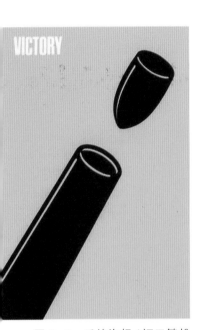

图 2-8　反战海报 / 福田繁雄

图 2-9　海报作品 /［法］Michal Batory

图 2-10　海报作品 /［法］Michal Batory

图 2-11　海报作品 / 靳埭强

图 2-12　海报作品 / 靳埭强

3. 实践程序

1）项目分析

在进行项目制作前，我们先来分析此项目需要应用 Photoshop 的哪些功能。整张海报应色调统一，具有明确的色彩倾向，需要应用 Photoshop 的调色功能，把不同色彩倾向的素材整合在一个画面中。海报的主体形象——写字楼建筑，应运用 Photoshop 的抠像技术使其与背景更好地融合。

2）项目制作思路

（1）明确项目要求，注意制作成稿的时间要求、印刷要求以及成稿的效果要求。本项目最终要达到的效果是突出"环球贸易中心"写字楼的质感，要注意画面细节的处理。

（2）收集整理项目所需素材，此步骤把客户提供的素材和创意稿中所用到的材料收集到同一个文件夹中。本书中涉猎的项目素材见附件。

（3）建立文件，确定成品尺寸，建立制作文件尺寸（四边各 3mm 出血）选择 CMYK 色彩模式，分辨率设为：300dpi。此过程中要注意文件名称的命名方式，一般公司是采用"项目名 + 时间 + 文件类型"的方式来命名，这样有利于日后查找，希望大家在学习的过程中就能养成良好的制作习惯。

（4）制作背景，在此步骤主要分析背景由几部分构成，从最后一层开始，注意在制作的过程中每层的名称要明确，这样有利于日后文件的更改。注意此步中要完成背景"矮楼"的抠图工作，灵活地使用【钢笔工具】是一件比较困难的事，还需要大家耐心练习。

（5）调整主体图像，在此步骤要注意图像细节的处理。我们可以通过单击工具箱中的【放大镜工具】并在工具栏中选择【实际像素】，此时的图像窗口中显示的是印刷成品的尺寸。我们可以在此状态下，查看实际尺寸中图像的细节，选择工具箱中的【抓手工具】在窗口中拖动画面，仔细观察图像的局部，以免印出来的成品细节有缺陷。

（6）制作文字，在此步骤中要注意以下两点：①如何下载安装字体，网上有大量可下载的文字字体，例如方正、文鼎、汉仪、华康等，在 Windows 中字体的安装很方便，只要在所下载的字体文件图标上单击

鼠标右键，在弹出的下拉菜单中选择"安装"即可。
②字体的选择，在同一画面中字体的种类最好控制在三种以内，以避免画面字体种类繁多，视觉混乱。

（7）存储输出文件，此步骤中注意要按印刷要求输出成品文件（输出文件格式一般以 PDF 或 TIFF 为主），并保存好 PSD 源文件，以备更改使用。注意文件的命名方式，以便日后查找及更改。

小提示：在文件的操作过程中尽量使用快捷键方式操作，这有利于记忆和熟练使用快捷键，达到提高文件的制作速度的目的。如在操作过程中快捷键不好使，请留意是否处于英文输入法状态，在中文输入法状态下快捷键失灵。

3）制作过程

第一步 建立文件

STEP 01 建立文件

海报成品尺寸为 260mm × 370mm，根据印刷要求，出血设置为上下左右各 3mm，最后建立海报尺寸为 266mm × 376mm。打开 Photoshop 单击菜单栏选择【文件→新建】或按快捷键【Ctrl】+【N】，在弹出的【新建】对话框中，设置信息如下（如图 2-13）：

- 名称：环球贸易中心海报 2013 / 04 / 16 源文件
- 预设：自定
- 宽度：266 毫米
- 高度：376 毫米
- 分辨率：300 像素 / 英寸
- 颜色模式：CMYK 颜色 /8 位
- 背景内容：白色
- 单击确定

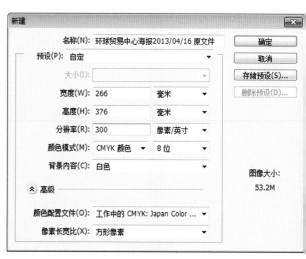

图 2-13

STEP 02 建立出血线

单击菜单栏选择【视图→新建参考线】，在弹出的【新建参考线】对话框中，分四次设置四条"出血线"的位置【取向→水平】、【位置：.3】；【取向→水平】、【位置：37.3】；【取向－垂直】、【位置：.3】；【取向→垂直】、【位置：26.3】。利用参考线完成"出血线"位置的标示（如图2-14）。

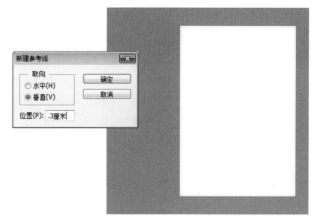

图2-14

STEP 03 打开"背景图片"素材

单击菜单栏选择【文件→打开】或按快捷键【Ctrl】+【O】，在弹出的【打开】对话框中，单击鼠标左键选择图片素材"背景图片"，单击打开（如图2-15）。

STEP 04 为新建图层命名

用鼠标左键双击图层面板中"图层1"的文字区域，改名为"背景图片"（如图2-16）。

图2-15

图2-16

STEP 05 建立矩形

在工具箱中选择【矩形工具】或按快捷键【U】，在工具栏中设置矩形属性（如图2-17）。单击鼠标左键在画面上拖移绘制矩形，矩形大小根据画面自定义，松开鼠标后在画面中产生矩形色块。

图2-17

STEP 06 填充颜色

在工具箱中双击设置前景色，在弹出的【拾色器（前景色）】对话框中，选择【添加到色板】在弹出的对话框

中设置名称为"色板 1",之后单击确定。回到【拾色器(前景色)】面板中设置信息 C: 70、M: 60、Y:
40、K: 70,单击图层面板中的"矩形 1"图层,使其处于工作状态。按快捷键【Ctrl】+【Backspace】,给"矩
形 1"填充前景色(如图 2–18)。

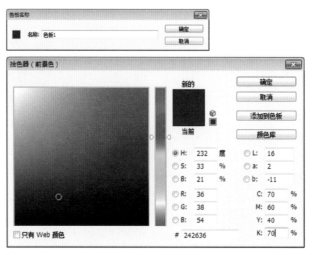

图 2–18

STEP 07 复制矩形

在图层面板中,选择"矩形 1"图层,并单击鼠标右键选择【复制图层】,在弹出的【复制图层】对话框中,
设置信息(如图 2–19),单击确认产生新图层"矩形 2"。

图 2–19

STEP 08 移动矩形

单击图层面板中"矩形 2"图层,
使其处于工作状态,在工具箱中
选择【移动工具】或按快捷键【V】
切换至移动工具,按住键盘上的
【Shift】键(Shift 键可保证是垂
直移动)同时单击画面中的深蓝
色矩形,将其移至画面顶部(如
图 2–20)。

图 2–20

STEP 09 置入图片

单击菜单栏，选择【文件→置入】，在弹出的【置入】对话框中，单击鼠标左键，选择"装饰图片"素材，单击置入（如图 2-21）。

STEP 10 调整置入图像

置入的图片会在画面中显示出调整边框，将鼠标放于边框四角的节点上，按住鼠标左键拖拽，（同时按住【Shift】键可成比例）改变图片大小。调整适于制作文件后，在调整边框内双击鼠标左键即可（如图 2-22）。

STEP 11 复制"装饰图片"层

单击图层面板中"装饰图片"层，单击鼠标右键选择【复制图层】，在弹出的对话框中将此层命名为【装饰图层 1】，单击确定，在图层面板中出现"装饰图片 1"图层，在菜单栏中选择【编辑→自由变换】或按快捷键【Ctrl】+【T】，把鼠标放在"变换框"区域内，单击鼠标右键，在下拉菜单中选择【垂直翻转】，在"变换框"区域内双击鼠标左键确定，之后调整至相应位置如图 2-23 所示。

图 2-21

图 2-22

图 2-23

STEP 12 打开"楼体"素材

单击菜单栏，选择【文件→打开】或【Ctrl】+【O】，在弹出的【打开】对话框中，单击鼠标左键选择图片素材"楼体"，单击打开（如图2-24）。

STEP 13 绘制闭合路径

在工具箱中选择【钢笔工具】或按快捷键【P】，依据楼体边缘形状，单击鼠标左键绘制锚点，形成闭合路径。可以通过快捷键按【Ctrl】+【+】或【Ctrl】+【-】键放大缩小图像显示比例，按住【space】空格键可以临时切换为【抓手工具】移动视窗内画面的可视位置，松开即恢复回【钢笔工具】，可继续绘制路径，当【钢笔工具】回到起始处的锚点上时，其后会出现一个小圆圈，单击鼠标左键形成闭合路径（如图2-25）。

图 2-24

图 2-25

STEP 14 调整路径

在工具箱中选择【路径选择工具】或按快捷键【A】，点选绘制好的封闭路径区域以内，使其锚点显示，并处于可编辑状态。按快捷键【P】切换回【钢笔工具】，在封闭路线上可添加或删除锚点。当鼠标放在任意锚点之间的线段上时，点按左键便可添加锚点；当鼠标放于任意锚点上时，点按鼠标左键便可删除锚点。当鼠标放于锚点上时，按住【Alt】键可以把【钢笔工具】转换为【转换点工具】，可切换锚点为平滑点、直线点、曲线角点及组合角点（可参见第一章第三节中钢笔工具的使用技巧），松开【Alt】键恢复回【钢笔工具】。还可按住【Ctrl】键，实现移动锚点、移动控制点位置，拖移锚点及控制点方向，调整"路径"曲线段使其与楼体形状基本相同（如图2-26）。

STEP 15 把路径转换为选区

在菜单栏上选择【窗口→路径】，在打开的路径面板底部点按【将路径作为选区载入】按钮（如图2-27），把路径转换为选区。

STEP 16 复制选区内容

按快捷键【Ctrl】+【C】复制选区内容。之后用鼠标单击"环球贸易中心海报2013 / 04 / 16 源文件"的窗口，回到"环球贸易中心海报2013 / 04 / 16 源文件"文件中，按快捷键【Ctrl】+【V】粘贴矮楼至工作画面中，此时图层面板会产生一个新图层，参照STEP 04 把图层命名为"楼体"并参照STEP 10 把楼体调整到适合的大小及位置（如图2-28）。

图 2-26

图 2-27

图 2-28

STEP 17 打开"项目楼体"素材

单击菜单栏选择【文件→打开】或按快捷键【Ctrl】+
【O】，在弹出的【打开】对话框中，单击鼠标左键
选择图片素材"项目楼体"，单击打开。参照以上步
骤对"项目楼体"进行抠图、复制、粘贴及调整大小，
并摆放在适合的位置（如图 2-29）。

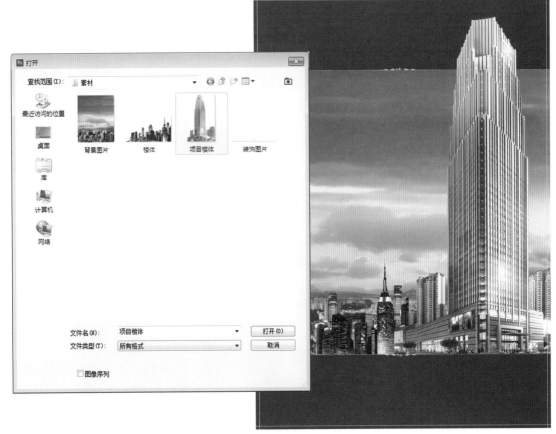

图 2-29

STEP 18 打开"示意图"素材

单击菜单栏选择【文件→打开】或按快捷键【Ctrl】+【O】，在弹出的【打开】对话框中，单击鼠标左键选择图片素材"示意图"，单击打开（如图2-30）。

STEP 19 复制"示意图"

使用快捷键【Ctrl】+【A】，选中画面内所有内容，并使用快捷键【Ctrl】+【C】进行复制，回到原编辑

文件中使用快捷键【Ctrl】+【V】粘贴图像，并调整大小及位置，改图层名称为"示意图"。

STEP 20 建立图层蒙版

在图层面板中单击选择"示意图"图层，使其处于工作状态，单击鼠标左键选择图层面板底部 "添加图层蒙版" ▣ 按钮（如图2-31）。

STEP 21 应用选区调整图层蒙版

单击鼠标左键选择"示意图"图层蒙版，使其处于工作状态。在工具箱中选择【矩形选框工具】或按快捷键【M】，将要隐藏的部分框选（如图2-32）。

STEP 22 羽化选区，单击菜单栏，选择【选择→修改→羽化】或按快捷键【Shift】+【F6】，在弹出的【羽化选区】对话框中，设置信息羽化半径为: 20像素（如图2-33）。

STEP 23 填充选区，切换工具箱中前景色和背景色 ↰（将前景色设为黑色），按快捷键【Alt】+【Backspace】填充前景色（如图2-34）。

图 2-30

图 2-31

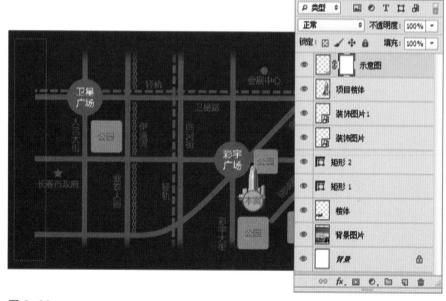

图 2-32

STEP 24 如何应用曲线处理图片

单击图层面板选择"项目楼体"图层，使其处于工作
状态，单击菜单栏选择【图像→调整→曲线】或按快
捷键【Ctrl】+【M】，在弹出的【曲线】对话框中，
设置信息如下（如图 2-35）：

- 预设：自定
- 通道：CMYK
- 编辑点以修改曲线
- 输出：75
- 输入：70
- 单击确定

STEP 25 如何应用色阶处理图片

单击图层面板选择"项目楼体"图层，使其处于工作
状态，单击菜单栏选择【图像→调整→色阶】或按快
捷键【Ctrl】+【L】，在弹出的【色阶】对话框中，
设置信息如下（如图 2-36）：

- 预设：自定
- 通道：CMYK
- 输入色阶：5 1.00 245
- 输出色阶：0 255
- 单击确定

图 2-33

图 2-34

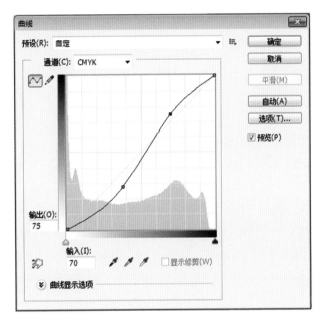

图 2-35

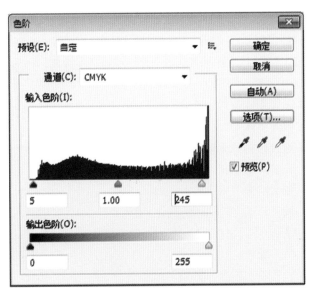

图 2-36

STEP 26 处理图片效果

单击菜单栏选择【滤镜→杂色→添加杂色】，在弹出的【添加杂色】对话框中，设置信息如下（如图2-37）：

- 数量：3%
- 平均分布
- 单击确定

STEP 27 更改图片色相／饱和度

单击菜单栏选择【图像→调整→色相／饱和度】或按快捷键【Ctrl】+【U】，在弹出的【色相／饱和度】对话框中，设置信息如下（如图2-38）：（应用以上方法处理画面中的其他图片，根据图片需要更改设置信息数据）

- 预设：自定
- 色相：+10
- 饱和度：+15
- 明度：0
- 单击确定

图 2-37

（第四步） 制作字体

STEP 28 输入文字，把鼠标移至工具箱中的 T 文字工具上，点击按住鼠标左键，选择横排文字工具，在画板上单击鼠标左键，输入封面文字"成功者 定义自身的峰层地位"在工具栏中设置字体、字号（如图2-39）。

图 2-38

图 2-39

STEP 29 更改文字信息，在菜单栏中选择【窗口→字符】面板上调整字体、字号、间距等文字效果，设置信息如下（如图2-40）：

- 设置字体系列：黑体
- 设置字体大小：33 点
- 设置行距：（自动）
- 设置两个字符间的字距微调：度量标准
- 设置所选字符的字距调整：－80
- 设置所选字符的比例间距：0%
- 垂直缩放：100%
- 水平缩放：100%
- 设置基线偏移：0 点
- 颜色：C：0 M：0 Y：0 K：0

图 2-40

- 语言设置：美国英语
- 设置消除锯齿的方法：平滑
- 封面中所有文字输入方式同上（每点选一次文字工具都会在图层面板中自动产生一个新的图层），文字效果可根据设计需求进行调整（如图 2-41）。

第五步 存储输出文件

STEP 30 存储文件，单击菜单栏选择【文件→存储】或按快捷键【Ctrl】+【S】，在弹出的【存储为】对话框中，设置信息如下（如图 2-42）：
- 保存在：通过黑色三角打开下拉菜单选择所要存储的盘符与文件夹
- 文件名：环球贸易中心海报 20130416 源文件 .psd
- 格式：Photoshop（*.PSD；*.PDD）
- 存储：图层
- 颜色：ICC 配置文件（C）：Japan Color 2001 Coated
- 使用小写扩展名
- 单击保存

STEP 31 输出文件，单击菜单栏选择【文件→存储】或按快捷键【Ctrl】+【S】，在弹出的【存储为】对话框中，设置信息如下（如图 2-43）：
- 保存在：通过黑色三角打开下拉菜单选择所要存储的盘符与文件夹
- 文件名：环球贸易中心海报 20130416 输出文件 .tif

图 2-42

图 2-41

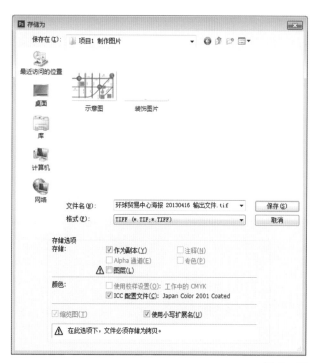

图 2-43

- 格式：TIFF（*.TIF；*.TIFF）
- 存储：作为副本
- 颜色：ICC 配置文件（C）：Japan Color 2001 Coated
- 使用小写扩展名
- 单击保存

4）相关参考资料

参考书目
- 朱琪颖 . 海报设计 . 北京：中国建筑工业出版社，2005

参考网站
- www.baidu.com
- www.zcool.com

项目2 人像照片

图像修图、调图是平面设计项目经常会涉猎到的内容，是 Photoshop 最擅长的应用功能，也是 Photoshop 初学者必须掌握的基本技能。此项目是利用 Photoshop 强大的调色功能为摄影作品做后期处理，以达到摄影师想要的画面效果。要想灵活运用 Photoshop 的调图功能，需要学生在项目的练习过程中体会每一个环节的作用，并做大量的课后练习。

1. 课程要求

1）训练要求

A. 掌握 Photoshop 中调节图层的使用方法。

B. 深入了解 Photoshop 中关于图像修图、调图的所有工具。

C. 了解 Photoshop 中滤镜的使用方法。

D. 学习关于摄影图像色调的相关知识。

2）学习难点

A. 对于图像调整过程中噪点的控制。

B. 图像细节调整的是整个学习过程的难点。

3）课程概况

课题名称：计算机辅助平面设计——人像照片

课题内容：利用 Photoshop 中所有修图和调色工具，完成人像照片的修图与调色。通过对人像照片的后期处理让人物更有质感，学习利用滤镜制作简单的画面效果。

课题时间：6 课时 + 课余时间

训练目的：是通过人像照片的后期处理，熟悉 Photoshop 中关于图像修整和调色的所有工具，特别是对于调整图层的应用，了解与此项目相关的摄影图片色调的相关知识。

教学方法：采用实践项目教学法，按发现问题（分析案例）、解决问题（教师示范）、巩固知识（学生练习）的流程方式完成课题任务。通过分析案例让学生自主思考此项是如何完成的，从而发现问题、提出问题，之后再进入解决问题阶段教师示范制作过程，这样能更好地调动学生自主学习的积极性。最终通过课题作业的制作完成，让学生巩固学到的知识点。

教学要求：首先学习项目涉猎的相关知识点，再学习分析完成项目制定的基本流程，项目 2 的素材见附件，最终的调色效果要与书内图像照片最终稿尽量保持一致。

作业评价：1. 图像后期处理与书中效果一致。

2. 图像细节完整不失真。

1）色彩

色彩，就是物体表面所呈现的颜色。当光线照射到物体后使视觉神经产生感受，才有了色的存在，光与色是不可分离的，光色并存，有光才有色。丰富多样的颜色可以分成两个大类：无彩色系和有彩色系，有彩色系的颜色具有三个基本特性：色相、纯度（也称彩度、饱和度）、明度，称为色彩三要素。Photoshop中的【色相／饱和度】面板就是通过调整这三个要素的数值，实现色彩调整功能的。

（1）色相

色相，即各类色彩的相貌称谓，是比较确切地表示某种颜色色别的名称。在 Photoshop【色相／饱和度】面板中，调整色相就是更改图像画面的色别，如把红色调的图像调整成蓝色调的图像。

（2）纯度／饱和度

纯度／饱和度，是指色彩的纯净程度，它表示颜色中所含有色彩成分的比例。含有色彩成分的比例愈大，则色彩的纯度愈高，含有色成分的比例愈小，则色彩的纯度也愈低。当一种颜色参入黑或白色时，纯度就产生变化。当参入色达到很大的比例时，在眼睛看来，原来的颜色将失去本来的光彩。在 Photoshop【色相／饱和度】面板中，调整图像的饱和度就是通过拖动滑块来调整图像色彩的纯度，如把一幅色彩较灰的图像调成色彩鲜艳的图像。

（3）明度

明度，指色彩的明暗程度，任何色彩都有自己的明暗特征。例如黄色是亮度最高的颜色。在无彩色中白色最亮，黑色最暗。在 Photoshop【色相／饱和度】面板中，调整的是图像的明暗程度。通过拖动滑块，在原有图像的颜色中加白或加黑以改变图像的明暗。

2）照片的色调

（1）黑白照片的调式

A. 中间调，是用各种灰色阶为主色构成的照片，所以中间调也称为灰色调。中间调为主调的图片缺少强烈的视觉冲击力，呈现出平和、不张扬、贴近生活的感受，所以新闻与纪实照片大部分使用中间调。

B. 高调，白色占绝对优势的照片，称为高调照片。高调照片给人以纯洁、轻盈、明快、淡雅与舒适视觉感受。但高调照片并不代表"满目皆白"，在素雅的色调环境中，局部的暗色是必不可少的。

C. 低调，黑或黑灰色占绝对优势的照片，称为低调照片。能给人以神秘、肃穆和力量的视觉感受。低调照片也同样不是"黑成一片"，在局部必须有一定

图 2-44　摄影作品 /[英] Don McCullin

图 2-45　摄影作品 / 史爽

图 2-46　平行世界 /[波兰] Michal Karcz

的亮色。低调照片往往营造的是凝重、忧伤的气氛。在人像摄影中，低调照片常常用来塑造有力量、庄重的男性，或冷峻、优雅、神秘的女性。

（2）彩色照片的色调

色调，是指画面色彩的基调，即画面主要色彩的倾向。色调主要分为暖调、冷调和中间调。冷、暖和中间色

调还可以分的更细腻，例如有对比、和谐、浓彩、淡彩、亮彩和灰彩色调等。

A. 暖色调，是以红、橙、黄等暖色为主要色彩的照片，给人温暖、怀旧的视觉感受。暖色调也有助于强化热烈、兴奋、欢快、活泼和激烈等视觉感受。

B. 冷色调，是以各种蓝色为主要倾向的画面。冷色调给人以安宁、深沉、寒冷的视觉效果。

C. 对比色调，是以对比色相搭配或明暗差别较大的色彩所形成的色彩基调，对比色调又分为冷暖对比和明暗对比两种。冷暖对比是两种色相差别较大的颜色（如黄与紫、红与绿、蓝与橙）所形成的对比，在视觉上有强烈的色相反差，各自的色彩倾向更加突出，能够更充分地发挥各自的色彩个性。明暗对比是利用色彩明度形成的强烈反差。对比色调带有强烈的冲击力和刺激性，给人鲜明的视觉感受，但对比色调的应用最忌讳 5:5 的色彩比例关系，会给人杂乱无章和刺目的感觉。3:7 或 2:8 的比例是对比色调比较适当的比例关系，会给人以艳而不俗的视觉感受。

D. 和谐色调，是色相环上的相邻色或近似色（色相环 90 以内的颜色）构成。和谐色调经常会使用黑色、

图 2-47　Las Muertas/Tim Tadder

图 2-48　Las Muertas/Tim Tadder

图 2-49　个性摄影 /ZODIAC SIGNS

白色来丰富画面的表现力，增加画面的层次感，使照片既雅致又爽朗有力。给人和谐、舒畅的视觉感受。

E. 浓彩色调，照片是由饱和度较高的色彩构成。分为浓郁强烈的暖色调或低沉悲凉的冷色调。浓彩色调给人浓艳、厚重、激烈的视觉感受。

F. 淡彩色调，是由低饱和度、高明度的色彩构成。给人以高雅、恬静、舒适的视觉感受。

图 2-50　儿童摄影作品 /Elena Karneeva

图 2-51　Las Muertas/Tim Tadder

3. 实践程序

1）项目分析

在进行项目制作前，我们先来分析此项目主要应用了 Photoshop 哪些功能。整体人像照片主要以修图、调色为主，使照片主体突出、层次分明、细节精致，

图 2-52　摄影作品 /[俄罗斯] Sonia & Mark Whitesnow

具有浓彩色调的人像照片。照片的原图人像部分色调过暗，层次不清，对比不够，细节缺失。照片的调整难度比较高，既要加大照片暗部的对比还要注意噪点的控制，细节的调整。

2）项目制作思路

（1）明确项目要求，本项目的目的是完成人像照片的修图和调色，使照片最终达到主体突出、层次分明，细节精致、具有浓彩色调的效果。

（2）收集整理项目所需素材，此步骤把客户提供的照片材料收集到同一个文件夹中。本书中涉及的项目素材可到 www.ccmz.cn 下载应用。

（3）建立文件，打开原片查看图像尺寸，调整到符合照片输出要求的像素标准和色彩模式。

（4）修整图像，在此步骤要注意图像细节的处理。我们可以通过应用工具箱中的【修补工具】、【修复画笔工具】以及【仿制图章工具】并在工具栏中选择【实际像素】，此时的图像窗口中显示的是印刷成品的尺寸。我们可以在此状态下，查看实际尺寸中图像的细节，选择工具箱中的【抓手工具】在窗口中拖动画面，仔细观察图像的局部，修补人像照片细节，使画面整洁、精致。

（5）调整图像，此步骤主要通过运用【图层】面板中的"创建新的填充或调整图层"按钮，在【图层】中新建调整图层，将人像照片通过分层进行整体或局部的高光、曲线、色彩平衡的调整，并在工具栏中选择【实际像素】，

此时的图像窗口中显示的是印刷成品的尺寸。我们可以在此状态下，查看实际尺寸中图像的噪点控制是否符合输出要求。

（6）存储输出文件，此步骤中注意要按印刷要求输出成品文件（输出文件格式一般以 TIFF 为主），并保存好 PSD 源文件，以备更改使用。注意文件的命名方式，以便以后查找及更改。

小提示：Photoshop 中可以通过快捷键【Ctrl】+【＋】或【Ctrl】+【－】，实现画面窗口内文件显示比例的放大或缩小。

3）制作过程

`第一步` 建立文件

STEP 01 建立文件

打开 Photoshop 单击菜单栏选择【文件→新建】或按快捷键【Ctrl】+【N】，在弹出的【新建】对话框中，设置信息如下（如图2-54）：

图 2-53　人像照片

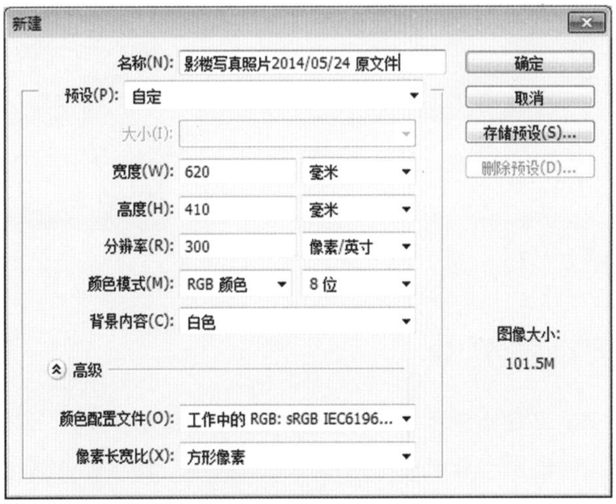

图 2-54

- 名称：人像照片 2014 / 05 / 24 源文件
- 预设：自定
- 宽度：620 毫米
- 高度：410 毫米
- 分辨率：300 像素 / 英寸
- 颜色模式：CMYK 颜色 /8 位
- 背景内容：白色
- 单击确定

图 2-55

第二步 修图

STEP 02 建立图层副本

单击菜单栏选择【窗口→图层】或按快捷键【F7】，在弹出的【图层】面板中，将鼠标箭头移至图层单击右键选择【复制图层】（如图 2-55）。

STEP 03 修整图片杂点

在工具箱中选择【仿制图章工具】或按快捷键【S】，设置工具栏中的画笔设为：19（如图 2-56），按快捷键【［】或【］】可以切换画笔的大小尺寸，按住【Alt】键在画面内找到所有复制的区域，单击鼠标左键，定义图案。松开【Alt】键，在画面内需要修整的地方单击鼠标左键即可把定义的图案，复制到所点按鼠标的区域，修整画面（如图 2-57）。

图 2-56

图 2-57

STEP 04 修复图片

在工具箱中选择【修补工具】或按快捷键【J】，设置工具栏中的画笔信息（如图 2-58），按住鼠标左键在画面中圈画出要修补的图像，单击鼠标左键移动选区至被选区域，使其完全复制被选区域，随意单击画面其他位置可以取消选取（如图 2-59）。

图 2-58

图 2-59

第三步 调图

STEP 05 创建亮度 / 对比度调整图层

点按【图层】面板底部"创建新的填充或调整图层" ◑. 按钮，在下拉菜单中选择【亮度 / 对比度】，创建"亮度 / 对比度 1"图层。在弹出的【属性】对话框中，设置亮度：19、对比度：-2。

图 2-60

STEP 06 创建色彩平衡调整图层

点按【图层】面板底部"创建新的填充或调整图层" ◑. 按钮，在下拉菜单中选择【色彩平衡】，创建"色彩平衡 1"图层（如图 2-61）。在弹出的【属性】对话框中，分别设置高光、中间调、阴影的数值（如图 2-62）。

图 2-61

STEP 07 创建可选颜色调整图层

点击【图层】面板底部"创建新的填充或调整图层" ⬤. 按钮，在下拉菜单中选择【可选颜色】创建"选取颜色1"图层（如图 2-63），在弹出的【属性】对话框中，分别调整红色、黄色、白色、中性色、黑色的数值如图 2-64 所示。

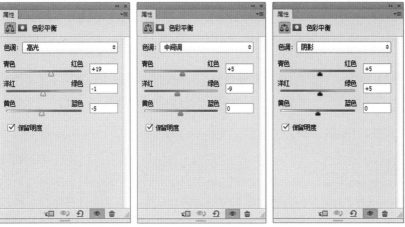

图 2-62

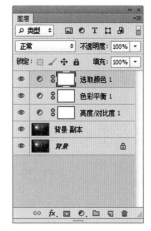

图 2-63

STEP 08 创建亮度 / 对比度调整图层

点击【图层】面板底部"创建新的填充或调整图层" ⬤. 按钮，单击【亮度 / 对比度】创建"亮度 / 对比度2"图层，在弹出的【属性】对话框中，设置信息如图 2-65 所示。

STEP 09 人像高光处理，按住【Alt】键在图层面板中选择"创建新图层" ⬜ 按钮，在弹出的【新建图层】对话框中，设置信息如下（如图 2-66）：

· 名称：人像高光处理

· 颜色：无

· 模式：柔光

· 填充柔光中性色（50% 灰）

· 不透明度：100%

· 单击确定

图 2-64

图 2-65

图 2-66

STEP 10 应用画笔工具绘制人像高光

单击"人像高光处理"图层使其处于工作状态。选择工具箱中的【画笔工具】或按快捷键【B】，在工具栏中设置信息，按快捷键【［】或【］】可调整画笔大小。在工具箱中设置前景色为白色。在"人像高光处理"图层，按住鼠标左键在人像鼻梁、颧骨及锁骨等处绘制高光，完成后松开鼠标。（应用此方法绘制画面中所有高光效果

图 2-67

图 2-68

STEP 11 复制图层

打开图层面板单击"图层 1"，点击鼠标右键选择"复制图层"，在弹出的【复制图层】对话框中，设置新图层名称为：图层 2（如图 2-69）。

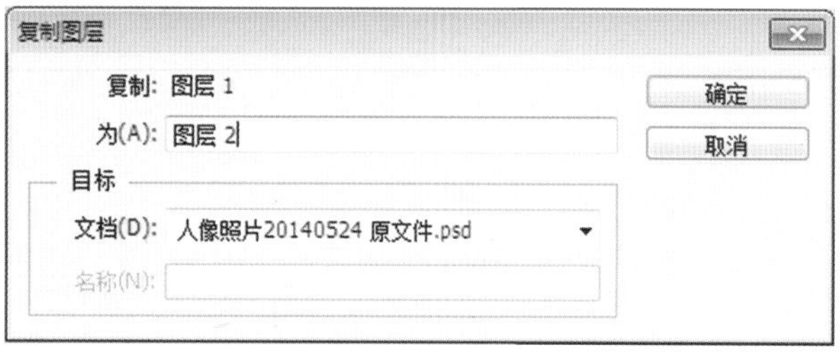

图 2-69

STEP 12 应用液化调节人像

单击菜单栏选择【滤镜→液化】或按快捷键【Shift】+【Ctrl】+【X】，在弹出的【液化】对话框中，设置【工具选项】画笔大小：400、画笔压力：13（如图2-70），点击鼠标应用【向前变形工具】调节人像的腰部使其变瘦（如图2-71）。

STEP 13 更改色彩模式

单击菜选择【图像→模式→RGB颜色】（如图2-72）。（PS的很多滤镜功能只有在RGB模式下才能使用）

图 2-70

图 2-71

图 2-72

STEP 14 应用滤镜效果

单击菜单栏选择【滤镜库】，在弹出的对话框中选择滤镜效果【马赛克拼贴】，设置拼贴大小：60、缝隙宽度：5、加亮缝隙：10（如图 2-73）。设置完成后效果如图 2-74 所示。滤镜库中的效果包括：风格化、画笔描边、扭曲、素描、纹理等艺术效果（如图 2-75），在应用滤镜效果时，可根据调整效果的数值呈现不同的艺术效果。

STEP 15 更改色彩模式

单击菜选择【图像→模式→CMYK 颜色】。

第四步 存储输出文件

STEP 16 存储文件，单击菜单栏选择【文件→存储】或按快捷键【Ctrl】+【S】，在弹出的【存储】对话框中，设置信息如下（如图 2-76）：

- 保存在：通过黑色三角打开下拉菜单选择所要存储的盘符与文件夹
- 文件名：人像照片 2014 / 05 / 24 源文件
- 格式：*.PSD
- 单击保存

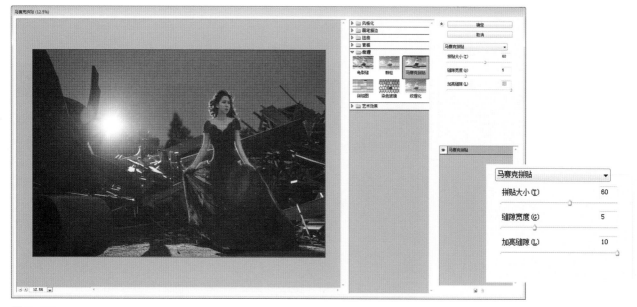

图 2-73

图 2-74

| ▷ 📁 风格化 |
| ▷ 📁 画笔描边 |
| ▷ 📁 扭曲 |
| ▷ 📁 素描 |
| ▷ 📁 **纹理** |
| ▷ 📁 艺术效果 |

图 2-75

STEP 17 输出文件

单击菜单栏选择【文件→存储】或按快捷键【Ctrl】+
【S】，在弹出的【存储】对话框中，设置信息如下（如
图 2-77）：

- 保存在：通过黑色三角打开下拉菜单选择所要存储
  的盘符与文件夹

- 文件名：人像照片 2014 / 05 / 24 输出文件

- 格式：*.TIFF55

- 单击保存

4）相关参考资料

参考书目

- 王卫军．色彩构成．北京：中国轻工业出版社，
  2013

参考网站

- www.baidu.com
- www.zcool.com

图 2-76

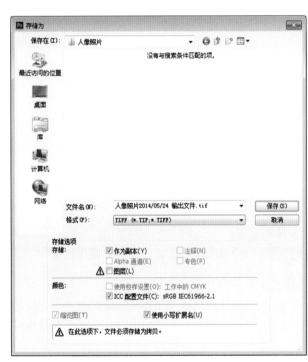

图 2-77

书籍封面设计是平面设计专业的主要课程，是平面设计行业的一项主要工作内容。在进行此项目之前，我们先来了解一下什么是书籍的封面。"封面"是以纸张或其他装帧材料制成的书刊表面的覆盖物。"封面"的概念，可以从两方面理解：一是广义的封面，这个概念是针对内文设计而言，指包在书籍外部的整体，其中包括：封面、封底、书脊、勒口各个部分。另一是狭义的封面，这个概念是针对书脊、封底、勒口而言，指包在书籍外面，书皮的前面部分。此项目制作完成的是广义上的封面，包括书籍的封面、封底、书脊、勒口。此项目操作并不复杂，主要是通过练习让学生掌握封面设计制作的基本流程，并逐步养成良好的操作习惯，以适应未来工作的需求。

1. 课程要求

1）训练要求

A. 掌握 Photoshop 中钢笔工具与图形工具的使用技巧。

B. 深入学习 Photoshop 中蒙版的使用方法。

C. 学习利用 Photoshop 制作书籍封面效果图。

D. 了解书籍封面的制作流程和文件制作的基本规范。

2）学习难点

A. Photoshop 中钢笔工具的使用技巧。

B. 关于规范文件制作方式的养成。

3）课程概况

课题名称：计算机辅助平面设计——书籍封面

课题内容：制作完成"紫砂之源"的书籍封面，从辅助线的建立到抠图技巧以及蒙版的使用到最终制作成稿，并完成书籍封面设计的效果图。项目要求封面要突出书籍的内容特点，设计素材和设计形式可根据个人要求自由设置。制作完成的稿件最终是能够按印刷标准输出的成品稿件。

课题时间：8 课时 + 课余时间

训练目的：通过书籍封面的制作，让学生掌握 PS 的抠图功能，深入了解书籍封面的制作流程，学习制作书籍封面效果图，并了解与此项目相关的印刷基本常识。

教学方法：采用实践项目教学法，按发现问题（分析案例）、解决问题（教师示范）、巩固知识（学生练习）的流程方式完成课题任务。通过分析案例让学生自主思考此项是如何完成的，从而发现问题、提出问题，之后再进入解决问题阶段教师示范制作过程，这样能更好地调动学生自主学习的积极性。最终通过课题作业的制作完成，让学生巩固学到的知识点。

教学要求：先系统学习项目 3 涉及的相关知识点，思考、制定项目制作流程，了解项目涉及的印刷常识，项目 3 的素材从 www.ccmz.cn 网站上下载，最终排版效果可自由发挥。

作业评价：1. 作品画面完整、信息传达准确。

2. 制作文件思路清晰，图层面板名称明确、有序。

3. 作品符合印刷成稿要求。

4. 封面符合项目设计要求，突出书籍的内容特点。

2. 相关知识点

1）书籍制作相关印刷常识

（1）开本

也称本型，是以一定规格的整张印刷纸张，采用不同的分割方式所形成的书籍成本尺寸规格，并以一张纸所分割的数量为开本命名。开本的绝对值越大，实际尺寸则越小，如24K小于8K。书籍封面在设计时首先要确定的就是开本。

（2）纸张的分割方法

A. 几何级数分割法，每一种开本的大小均为上一级的一半。这是最合理、最正规的分割方法，这种分割法，纸张的利用率高，印刷和装订都很方便（如图2-78）。

B. 直线分割法，依纸张的纵向和横向直线分割，这种分割法也不浪费纸张。例如：20开、25开、36开、40开等均用这种方法（如图2-79）。

C. 纵横混合分割法，根据实际需求整张印刷纸不能沿纵向和横向直线开切。切下的纸幅纵向和横向都有，对印刷和装订在技术操作上很不方便，封面用纸多采用这种分割方法（如图2-80）。

（3）印刷的分类

A. 根据印版方法分类，按照印版上图文与非图文区域的相对位置，常见的印刷方式可以分为凸版印刷、凹版印刷、平版印刷及孔版印刷四大类：

a. 凸版印刷
使用凸版进行的印刷，简称凸印。印版的图文部分凸起，明显高于空白部分，印刷原理类似于印章，早期的木版印刷、活字版印刷及后来的铅字版印刷等都属于凸版印刷，是主要印刷工艺之一。

b. 凹版印刷
印版的图文部分低于空白部分，常用于钞票、邮票等有价证券的印刷。

c. 平版印刷
印版的图文部分和空白部分几乎处于同一平面，利用油水分离的原理进行印刷，目前主要的印刷方法——胶印，就是平版印刷的一种，能够高精度、清晰地还原设计稿，是目前最普遍的纸张印刷方法。适用于书籍、海报、折页、报纸、包装、月历等。

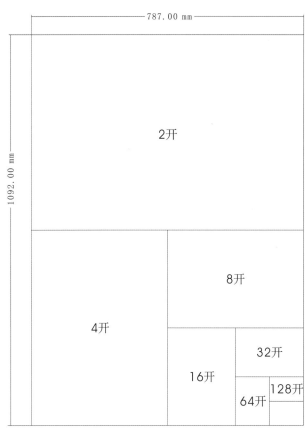

图 2-78

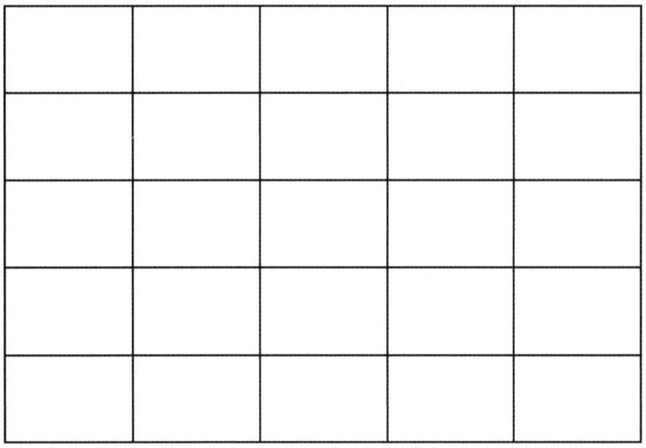

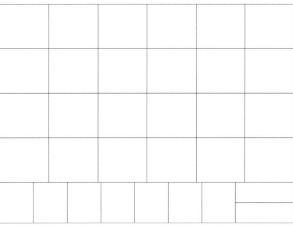

图 2-79

图 2-80

d. 孔版印刷

印版的图文部分为洞孔，油墨通过洞孔转移到承印物表面，常见的孔版印刷有镂空版和丝网版等。

B. 根据印刷色数分类

a. 单色印刷

凡是以一种印刷颜色进行的印刷（不限于黑色）皆是单色印刷。

图 2-81　Kunstgallerien 画册 /Studio Hausherr

b. 彩色印刷

即多色印刷，四色印刷为目前主要采用的印刷方式，通过 CMYK（即青、品红、黄、黑）四种颜色油墨转印承载材料上进行成色，通过这四种颜色比例的不同来再现原稿的各种色彩。

图 2-82　企业画册 /Quim Marin

C. 根据印刷品用途分类，书刊印刷、新闻印刷、广告印刷、钞券印刷、地图印刷、文具印刷、特殊印刷等。

a. 书刊印刷

主要是各类书籍、杂志的印刷。

b. 新闻印刷

以报纸的印刷为主。

c. 广告印刷

宣传单、画报、海报等。

d. 钞券印刷

钞券及其他有价证券印刷。

e. 文具印刷

如信封、信纸、请帖、名片、账册、作业簿本等。

f. 包装印刷

小如各类咸甜蔬菜、糖果、饼干、蜜饯的包装纸、袋，大如各型包装用之瓦楞纸箱以及室内装潢布置用之壁纸等。

g. 特种印刷

如瓶罐、烫金、浮凸、软管、电子、电路、标贴、车票、筛片。

D. 根据印刷版材分类，有木版、石版、锌版（亚铝版）、铝版、铜版、镍版、钢版、玻璃版、石金版、镁版、电镀多层版、纸版、尼龙版、塑胶版、橡皮版等。

（4）印刷过程

印刷要经历三个流程分别是印刷前期、印刷中期、印刷后期，通常简称为印前、印中、印后。

A. 印前，一般指摄影、设计、制作、排版、出片等，是由平面设计师主要负责的部分；

B. 印中，指通过印刷机印出成品的过程。在此过程开机阶段，为了保证印刷品的质量与设计稿相同，需要设计师到印刷厂监机，主要查看印刷品的色彩再现与设计意图是否相同。

C. 印后，一般指印刷品的后期加工，包括裁切、覆膜、装订、模切、糊袋、装裱、烫印等工艺处理，多用于宣传类和包装类印刷品。

（5）印后工艺

印刷后期采用什么样的工艺是设计师在印前决定的，是设计师的设计范畴。所以作为设计师必须了解，当下印刷后期加工所采用的工艺技术有哪些。以下提供 5 种最常用到的印刷后期加工工艺，以供学习参考。

A. 上光工艺，在印刷品表面涂（或喷、印）上一层无色透明的涂料，经流平、干燥、压光、固化后在印刷品表面形成一种薄而匀的透明光亮层，上光不仅可以增强印刷品表面光亮，保护印刷图文，而且不影响纸张的回收再利用。因此，被广泛地应用于包装纸盒、书籍、画册、招贴画等印品的表面加工。根据上光油的干燥方式，可分为溶剂挥发型上光、UV上光（紫外线上光）和热固化上光等。

图 2-83　书籍 /sandy island

B. 覆膜工艺，是将塑料薄膜与纸质印刷品经加热、加压黏合在一起，形成纸塑合一的产品，它是当下最为常见的印后工艺。经过覆膜的纸质印刷品，表面更加平滑，不但提高了印刷品的光滑感还延长了印刷品的使用寿命，同时又起到了防水、防污、耐折、耐磨、防潮、耐化学腐蚀等的保护作用。覆膜从材质上可以分为：亮光膜和亚光膜两种，亮膜可以让纸制品图文颜色更鲜艳，特别适合包装，能够引起人们的食欲和消费欲望。采用亚光膜覆膜，会让印刷品更高雅。

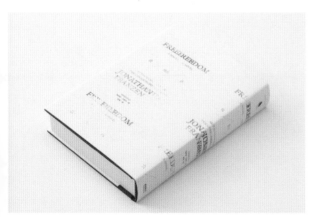

图 2-84　书籍设计 / 王志弘

C. 烫金工艺，烫金使用的主要材料是电化铝箔，利用热压转移的原理，将电化铝中的铝层转印到承印物表面以形成特殊的金属效果，因此烫金也叫电化铝烫印。烫金纸材料的种类很多，有金色、银色、镭射金、镭射银、黑色、红色、绿色、蓝色等，而不仅仅指的是金色一种，"烫金"是对这一工艺的统称。

图 2-85　Savoca barbershop/Sergei Kudinov

D. 凹凸压印工艺，又称压凸纹，是利用凹凸模具，在不使用油墨的情况下，直接利用印刷机的压力进行压印，压力会给印刷品表面带来深浅不同的纹样，是印刷品表面装饰加工的一种特殊加工技术。压印的图文或花纹具有明显的浮雕效果，增强了印刷品的立体感和艺术感。

图 2-86　书籍设计 / 吕敬人

E. 模切压痕工艺，模切是印刷品后期加工的一种裁切工艺，模切工艺是把印刷品按照事先制作的模切刀版进行裁切，从而使印刷品的形状不再局限于直边直角。模切刀是根据设计作品的图样组合成模切版，在压力的作用下，将印刷品切成所需形状的成型工艺。压痕工艺则是利用压线刀或压线模，通过压力的作用在印刷品上压出线痕，以便印刷品能按预定位置进行弯折。模切压痕工艺通常是把模切刀和压线刀组合在同一个模板内，在模切机上同时进行模切和压痕加工的工艺，简称为模压。

图 2-87　书籍设计 / 何见平

图 2-88　书籍设计 / 王志弘

（6）书籍装订

装订就是将印好的书页加工成册，是印后加工程序之一。书刊的装订，包括订和装两大工序。我国书籍装订历史悠久，经历了漫长的发展过程，出现了很多种有趣的装订形式。书籍的装订形式也是书籍设计的内容之一，所以作为设计师我们必须知道书籍都有哪些

装订方法，丰富我们书籍设计的表现形式，决定书籍设计制作的流程。

A. 简策装，竹木简的装帧形式。中国古代的书大多写在一根根长条形竹片或木片上，称为竹简或木简。为便于阅读和收藏，是用麻绳、丝绳或皮绳在简的上下端无字处编连，编完一篇内容为一件，称为策，"策"与"册"义相同。编简成策之后，从尾简朝前卷起，装入布套，阅读时展开即卷首，我们称这种装订形式为简策装。

图 2-89　简策装

B. 卷轴装，是由简策装卷成一束的装订形式演变而来。是在长卷文章的末端粘连一根轴（一般为木轴），将书卷卷在轴上。方法是将一张张写有文字的纸，依次粘连在长卷之上。卷轴装的卷首粘一张纸或丝织品称为"裱"，不写字，主要起到保护作用。阅读时，将长卷打开，随着阅读进度逐渐展开，阅览后将书卷起。

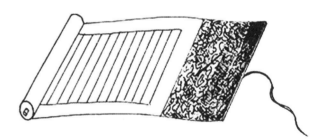

图 2-90　卷轴装

C. 经折装，是将一幅长卷沿着文字版面的间隔，一

反一正地折叠起来，形成长方形的一叠，在首末两页上分别粘贴硬纸板或木板。

图 2-91　经折装

D. 旋风装，也称"旋风装""龙鳞装"。兴起于唐代。是以一张长纸为底，首页裱在卷首，书籍内页以鱼鳞片的形式向左贴于底纸上。

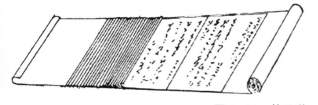

图 2-92　旋风装

E. 蝴蝶装，是将印好文字的页面朝里对折，再以中缝为准，把所有页码对齐，粘贴在封面纸上，然后裁齐成书。蝴蝶装的书籍翻阅起来就像蝴蝶飞舞，所以称"蝴蝶装"。蝴蝶装是一种牢固的装订方式。

F. 包背装，是对折页的文字面朝外，背向相对。两页版心的折口在书口处，用纸捻穿起来。用一张稍大于书页的纸从封面包到书脊和封底，再裁齐余边。包背装的书籍除了文字页是单面印刷，且每两页书口处是相连的以外，其他特征均与今天的书籍相似。

G. 线装，出现于明代，是我国传统书籍装订演进的最后形式。装订形式与包背装近似，书页正折，版心向外，封面、封底各用一张纸，与书背戳齐，打眼订线，

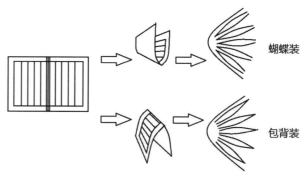

图 2-93　蝴蝶装与包背装

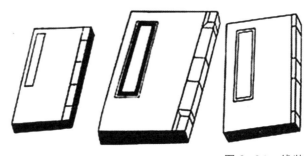

图 2-94　线装

一般只打四孔，又称"四眼装"。较大的书，在上下两角各多打一眼。考究的线装书，封面采用绫绢材质，还用绫绢包起上下两角，以保护书籍。

H. 平装，又称"简装"。平装书的装订工艺分为书芯加工和包封面，它是现代书籍装订的一种常用形式。主要工艺包括折页、配页、订本、包封面和裁切书边，书脊采用胶订。方法简单，成本低廉，适用于篇幅少，印数大的书籍。

图 2-95　书籍设计 / 何见平

I. 精装，多是用硬质纸板作书壳，并经装饰加工后做成封面。内页与平装一样，多为锁线胶订。封面和封底分别与首尾页相粘，书脊有平脊和圆脊之分，平脊多采用硬纸版做护封的里衬，形状平整。圆脊多用牛皮纸、革等较韧性的材质做书脊的里衬，以便起弧。封面与书脊间还要压槽、起脊，以便打开封面。

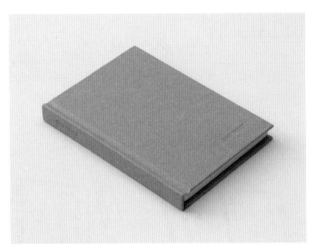

图 2-96　书籍设计 / 王志弘

图 2-97　书籍设计 / 吕敬人

J. 活页装，活页装封面和书芯不作固定联接，抽取灵活方便，通常在订口处打眼穿孔，装上金属圈，把书页连接在一起。

2）封面设计相关知识点

（1）封面设计元素

A. 文字，封面的文字设计要有主次和对比，突出书名尤为重要。字体是封面设计中重要的表现因素，应根据不同的内容选择不同的字体。一般在同一个封面内字体的选用尽量控制在三种以内。封面的文字主要包括：书名、著作者名、出版社名、丛书名、书名副题、内容提要等；封底的文字一般会有：书籍的内容简介、著作者简介、责任编辑、装帧设计者、条形码、定价等；

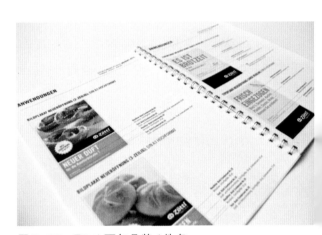

图 2-98　Zöttl 面包品牌 / 佚名

书脊文字要有：书名、作者名、出版社等；勒口内的文字：作者简介、书籍内容概述、系列书籍宣传等，勒口也可以选择不放内容。

B. 图形，封面的图形表现形式通常分为两大类：一种是抽象的表现形式，另一种是具象的表现形式。一般为避免过于直白，设计师喜欢以抽象寓意的方式为读者营造想象与联想的空间。

C. 色彩，是封面设计的重要艺术语言，它以其极富情感的表现力，烘托一种宽泛的情绪与氛围。

D. 材料，封面纸一般比内文纸厚，这是封面的保护功能决定的，一般情况会选择 200g 以上的纸张。

E. 工艺，封面设计使用的印刷工艺最全面，基本包括了现代印刷的所有工艺类型，如覆膜工艺、烫金工艺、模切工艺、上光工艺、凹凸工艺在封面中都有很好的表现。印刷工艺能够帮助设计师呈现出更好的设计效果。工艺的选择要恰当，要注意工艺之间的关系及呈现效果，了解关于工艺的设计文件制作规范。

（2）封面设计的基本原则

A. 充分了解书稿，封面的设计必须建立在充分了解书籍内容的基础上，要和作者交流，体会作者要传达的感受，设计者要阅读书籍的内容。

B. 了解读者，在了解书籍内容的基础上，圈定客户群，设计风格要考虑客户群的喜好和审美特征。可以在书店或网站做问卷调查，了解客户需求。

C. 在整体设计中构思封面，封面设计要考虑封面、封底、书脊、勒口的整体关系和立体效果，因为书籍的设计不是停留在二维空间，它是三维立体的，要考虑它每一个面之间的关系，更要和书芯在设计风格上保持一致，注意书籍设计整体的节奏变化和各部分之间的关系。

3. 实践程序

1）项目分析

在进行项目制作前，我们先来分析此项目主要应用了 Photoshop 哪些功能。书籍封面设计主要应用 Photoshop 的【钢笔工具】和【形状工具】绘制路径完成了主体茶壶的抠图工作，并合理的应用"蒙版"控制图像的显示区域，把文字与图形之间的排列形式和谐地整合在一个画面中。书籍封面设计主要以简洁清晰的方式，完美地表达书籍的内容及特点。

2）项目制作思路

（1）明确项目要求，注意制作成稿的时间要求、印刷要求以及效果要求。本项目最终是要求完成符合印刷标准的《寻找紫砂之源》书籍封面整体设计，包括书籍的封面、书脊、封底及勒口。画面以茶壶为主体，要求突出书名和书籍的内容特点。

（2）收集整理项目所需素材，此步骤把客户提供的素材和创意稿中所用到的材料收集到同一个文件夹中。本书中涉及的项目素材可到 www.ccmz.cn 下载应用。

（3）建立文件，确定成品尺寸，建立制作文件尺寸（四边各 3mm 出血）；选择 CMYK 色彩模式；分辨率设为：300dpi。此过程中要注意文件名称的命名方式，一般公司是采用"项目名 + 时间 + 文件类型"的方式来命名，这样有利于日后查找文件，希望大家在学习的过程中能养成良好的制作习惯。根据印刷要求，出血设置为上下左右各 3mm。

（4）制作背景，此步骤主要分析背景由几部分构成，从最后一层开始，注意在制作的过程中每层的名称要明确，这样有利于日后文件的更改。（书籍封面在制作过程中，要在图层面板中，应用【创建新组】明确的区分封面、封底、书脊及勒口的图层）。

（5）制作文字，此步骤中要注意以下两点：①如何下载安装字体，网上有大量可下载的文字字体，例如方正、文鼎、汉仪、华康等，在 Windows 中字体的安装很方便，只要在所下载的字体文件图标上单击鼠标右键，在弹出的下拉菜单中选择"安装"即可。②如何选择字体，在同一画面中字体的种类最好控制在三种以内，避免画面字体种类繁多，产生视觉混乱。

（6）制作封面工艺发版文件，此步骤中要注意制作工艺文件时，应建立一个新的独立文件（与源文件相同尺寸）；制作工艺的内容，必须以单一颜色表现。（输出格式一般为 JPEG、TIFF 两种）此书名要采用 UV 工艺，所以需要设计师制作封面工艺发版文件。

（7）存储输出文件，此步骤中注意要按印刷要求输出成品文件（输出文件格式一般以 TIFF、PDF 为主），并保存好 PSD 分层源文件，以备更改使用。注意文件的命名方式，以备日后查找及更改。

（8）制作书籍封面效果图，书籍封面设计完稿需要制作效果图测试成书效果，以及书籍宣传使用。

小提示：在 Photoshop 中想要成比例放大缩小图像或元素，需要在拖拽鼠标的同时按住【Shift】键。此项目涉及遮罩的应用，初学者需留意，在遮罩工作状态下，黑色为遮挡色，被黑色覆盖的区域被隐藏起来，白色则与之相反。

3）制作过程

以《寻找紫砂之源封面》为例，讲解 photoshop 封面设计操作工具的应用。

图像分为两大类，一种是位图图像，另一种是矢量图形。Photoshop 虽然是位图软件，但它也包含矢量功能，路径便是其中之一。通过案例介绍 Photoshop 的"钢笔"工具和"形状"工具绘制各种路径。矢量图形与分辨率无关，因此，对路径进行旋转、缩放等操作时，不会使图形变得模糊。

图 2-99 《寻找紫砂之源》封面

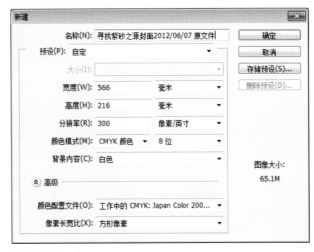

图 2-100

第一步 建立文件

STEP 01 设置文件尺寸

封面成品尺寸为 180mm×210mm，此项目制作的是整个书籍外皮，包括封面、封底、书脊、勒口，所以尺寸应该为，封面尺寸加封底尺寸再加书脊和勒口尺寸，封面、封底为 180mm×210mm，书脊尺寸为 20mm×210mm，前、后勒口尺寸为 90mm×210mm根据印刷要求在整个尺寸相加后在文件上下左右再各加 3mm，最后建立封面尺寸为 566mm×216mm。

- 名称：寻找紫砂之源封面 2012 / 06 / 07 源文件
- 预设：自定
- 宽度：566 毫米
- 高度：216 毫米
- 分辨率：300 像素 / 英寸
- 颜色模式：CMYK 颜色 /8 位
- 背景内容：白色
- 单击确定

第二步 制作背景

STEP 02 分割区域

将画面利用参考线分割出：出血、封面、封底、书脊以及勒口的区域（如图 2-101）。单击菜单栏选择【视图→新建参考线】，在弹出的【新建参考线】对话框中，分别设置 8 条所要建立的参考线数值。水平取向的 2 条参考线数值分别设置为：【位置：.3】；【位置：21.3】；垂直取向的 6 条参考线数值分别设置为：【位置：.3】；【位置：9.3】；【位置：27.3】；【位置：29.3】；【位置：47.3】；【位置：56.3】。

STEP 03 置入底纹图案

单击菜单栏选择【文件→置入】，在弹出的【置入】对话框中，选择图片素材"底纹"，单击置入（如图2-102）。

图 2-101

图 2-102

STEP 04 打开"茶壶1"素材

单击菜单栏选择【文件→打开】或【Ctrl】+【O】，在弹出的【打开】对话框中，单击鼠标左键选择图片素材"茶壶1"，单击打开（如图2-103）。

STEP 05 复制文件

使用快捷键【Ctrl】+【A】，选中画面全部内容，按

快捷键【Ctrl】+【C】复制，关闭"茶壶1"文件窗口，回到"寻找紫砂之源封面 2012 / 06 / 07 源文件"窗口中，按快捷键【Ctrl】+【V】拷贝茶壶图像，并更改所产生的新图层名称为"茶壶1"。

STEP 06 绘制闭合路径

在工具箱中选择【钢笔工具】或【P】，根据茶壶形状边缘，单击鼠标左键绘制锚点，按住鼠标左键并拖拽可得到平滑点（如图2-104），当鼠标回到起始锚点并单击，就完成了闭合路径的建立。按【Alt】键或【Ctrl】键可以调整闭合路径上的锚点，使路径与茶壶的外轮廓基本相同（如图2-105）。

图 2-103

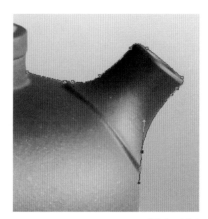

图 2-104

图 2-105

图 2-107

STEP 07 建立选区

按快捷键【Ctrl】+【Enter】键将闭合路径转换为选区（如图 2-106），单击菜单栏中【选择→反向】或按快捷键【Ctrl】+【Shift】+【I】，选取反向区域（如图 2-107），按【Backspace】键删除背景色，【Ctrl】+【D】取消选取。用同样方法将壶把内的背景删除（如图 2-108）。

STEP 08 打开"茶壶 2"素材

单击菜单栏选择【文件→打开】或【Ctrl】+【O】，在弹出的【打开】对话框中，单击鼠标左键选择图片素材"茶壶 2"，单击打开（如图 2-109）。采用"茶壶 1"的制作方法完成"茶壶 2"的复制与抠图。

图 2-108

图 2-109

图 2-106

STEP 09 建立图层蒙版

在图层面板中单击"茶壶1"图层，使其处于工作状态，单击鼠标左键选择图层面板底部"添加图层蒙版"  按钮（如图2-110）。

STEP 10 调整图层蒙版

在工具箱中切换前景色和背景色 ⇆（使前景色为黑色），在图层蒙版上单击鼠标左键，使其处于工作状态（如图2-111），在工具箱中选择【矩形选框工具】或【M】，将要隐藏的区域框选（如图2-112），按快捷键【Alt】+【Backspace】填充前景色（如图2-113），如隐藏的效果不好还可按【Ctrl】+【Backspace】键，填充背景色（使背景色为白色），重新显示被隐藏区域，反复调整至满意为止。用同样的方法调整"茶壶2"（如图2-114）。

图2-110

图2-111

图2-112

图2-113

图2-114

STEP 11 置入"矢量花纹"素材

单击菜单栏选择【文件→置入】，在弹出的【置入】对话框中，选择素材文件夹中的"矢量花纹"，单击置入（如图2-115）。鼠标移至选取框四角节点上，可调整图像大小；鼠标放在选取框以外区域，可旋转图像；鼠标放在选取框以内，可移动图像。

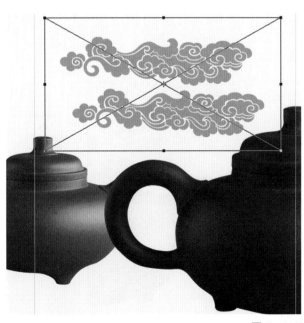

图2-115

STEP 12 建立矩形

选择工具箱【矩形工具】或【U】，更改工具栏信息（如图2-116），按住【Shift】单击鼠标左键在画面上拖移绘制矩形（如图2-117），松开按键和鼠标，在图层面板中会自动产生"矩形1"图层（如图2-118）。

图2-116

图2-117

图2-118

STEP 13 调整矩形

单击菜单栏选择【编辑→变换→缩放】或按快捷键【Ctrl】+【T】，把鼠标放到变换框四角的某一个节点上，按【Alt】键移动节点，可根据需求局部调整矩形。

STEP 14 设置投影

选择"矩形1"图层，使其处于工作状态。点击图层面板底部的"添加图层样式" *fx.* 按钮，在下拉菜单中选择【混合选项】，在弹出的【图层样式】对话框中，设置信息如下（如图2-119）：

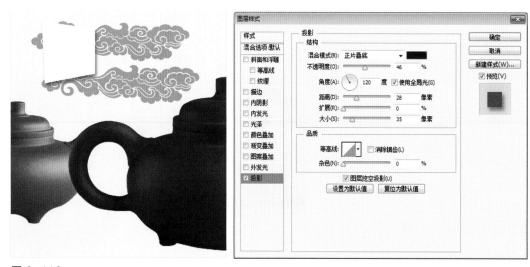

图2-119

- 样式：投影
- 混合模式：正片叠底
- 不透明度：46%
- 角度：120 度 勾选使用全局光
- 距离：28 像素
- 扩展：0%
- 大小：35 像素
- 勾选图层挖空投影
- 单击确定

STEP 15 绘制其他三个白色矩形

利用 STEP 15 与 STEP 16 的方法制作其他三个白色矩形（如图 2-120）。

STEP 16 设置矩形填充色

单击工具箱中的矩形工具，在工具栏中选择【填充】色块，在下拉菜单中选择【拾色器】，在弹出的【拾色器（填充颜色）】对话框中选择【添加到色板】，设置色板名称为"色板 1"并单击确定。在拾色器中设置数值 C：68，M：93，Y：92，K：67，单击确定（如图 2-121）。（"色板 1"存储于拾色器中，以便日后重复使用）

图 2-120

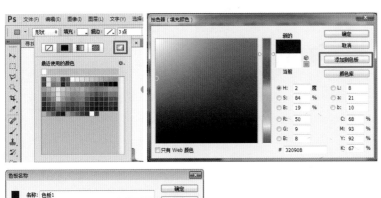

图 2-121

STEP 17 绘制矩形

在画面中拖拽【矩形工具】绘制褐色矩形（如图 2-122）。注意调整矩形图层之间的上下层关系。

图 2-122

STEP 18 建立圆形

在工具箱中选择【椭圆工具】或按快捷键【U】，更改工具栏信息（如图 2-123），按住【Shift】单击鼠标左键在画面上拖移绘制矩形，矩形大小适于画面后松开按键和鼠标（如图 2-124）。

图 2-123

STEP 19 复制圆形

选择图层面板单击"椭圆 1"图层，单击右键复制图层，在弹出的【复制图层】对话框中，设置图层名称为"椭圆 2"（如图 2-125），按住【Shift】键垂直移动圆形至适合的位置。

STEP 20 合并图层

在图层面板中，按住【Shift】键的同时，用鼠标左键单击"椭圆 1"和"椭圆 2"两个图层，使其处于工作状态，单击菜单栏选择【图层→合并形状→统一形状】或按快捷键【Ctrl】+【E】，并为合并后的图层命名为"椭圆 1"（如图 2-126）。

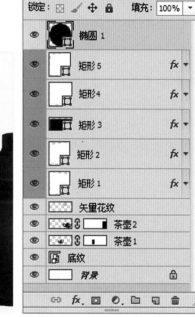

图 2-124

STEP 21 填充颜色

单击菜单栏选择【窗口→色板】，用鼠标左键单击"色板 1"，在图层面板中选择"椭圆 1"图层，填充前景色或按快捷键【Alt】+【Backspace】（如图 2-127）。

· 混合模式：正常
· 不透明度：100%
· 填充类型：颜色
· 颜色：C：0%　M：20%　Y：100%　K：0%
· 单击确定

STEP 22 设置圆形效果

在图层面板中选择"形状 1"图层，使其处于工作状态，选择图层面板底部的"添加图层样式"*fx.*按钮，单击混合选项，在弹出的【图层样式】对话框中，设置信息如下（如图 2-128）：

· 样式：描边
· 大小：24 像素
· 位置：外部

STEP 23 创建新组

按住【Shift】键在图层面板中，分别点选"茶壶 1""茶壶 2""矢量花纹""形状 1""形状 2""形状 3""形状 3""形状 4""椭圆 1"图层使其

图 2-125

图 2-126

图 2-129

都处于激活状态（如图 2-129），
之后按下【Ctrl】+【G】建立，"组
1"创建在图层面板中（所选图层
已全部加到新建组中），双击"组
1"改名为"封面"（如图 2-130）。
（可以通过点击本层组上的黑色
三角来展开层组内容）

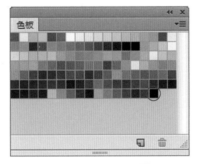

图 2-127

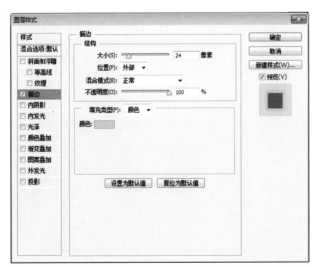

图 2-128

图 2-130

STEP 24 置入其他应用元素

根据封面组成部分（包括：封面、封底、书脊、前勒口、后勒口），将以上组成部分创建新组进行划分（如图 2-131）。（使每个组成部分清晰明了如图 2-132 所示）。

制作文字

STEP 25 输入文字

把鼠标移至工具箱中的"文字工具" **T**，点击按住鼠标左键，选择横排文字工具，在画板上单击鼠标左键，输入封面文字"紫"在工具栏中设置字体、字号（如图 2-133）。

STEP 26 更改文字信息

在菜单栏中选择【窗口→字符】面板上调整字体、字号、间距等文字效果，设置信息如下（如图 2-134）：

图 2-131

图 2-132

图 2-133

- 设置字体系列：TypeLand.com 康熙字典体
- 设置字体大小：100 点
- 设置行距：（自动）
- 设置两个字符间的字距微调：0
- 设置所选字符的字距调整：100
- 设置所选字符的比例间距：0%
- 垂直缩放：100%
- 水平缩放：100%
- 设置基线偏移：0 点
- 颜色：K100
- 语言设置：美国英语
- 设置消除锯齿的方法：平滑

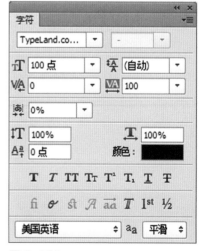

图 2-134

图 2-135

・封面中所有文字输入方式同上（如图 2-135）。（每点选一次文字工具都会在图层面板中，自动产生一个新的图层）

第四步　制作封面工艺发版文件

此项目中封面书名为 UV 印刷工艺，需要单独制作文件的工艺制版文件。注意文件尺寸要与设计印刷稿文件完全相同，需要制作后期工艺的部分，也要与印刷文件完全重合。在制作工艺发版文件时，填充的颜色必须为单色。

STEP 27　建立文件

打开 Photoshop 单击菜单栏选择【文件→新建】或按快捷键【Ctrl】+【N】，在弹出的【新建】对话框中，设置信息如下（如图 2-136）：

・名称: 寻找紫砂之源封面 2012 / 06 / 07 工艺
・预设：自定
・宽度：566 毫米
・高度：216 毫米
・分辨率：300 像素 / 英寸
・颜色模式：CMYK 颜色 /8 位
・背景内容：白色
・单击确定

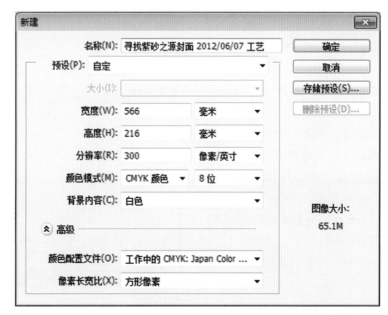

图 2-136

STEP 28 复制文件

选择封面源文件窗口，单击工具箱中的【移动工具】或按快捷键【V】，在"图层"面板中，按住【Ctrl】键的同时点选要制作工艺的"图层"，使其"图层"处于工作状态（如图 2-137），用鼠标在画板内单击书名内容，同时按住【Shift】键向"寻找紫砂之源封面 2012 / 06 / 07 工艺"窗口中拖拽，当鼠标工具变为空心箭头且箭头后有小加号出现时，松开鼠标。所选择内容出现在新建文件中，位置与源文件位置相同（如图 2-138）。（按住【Shift】实现原位粘贴）

图 2-137

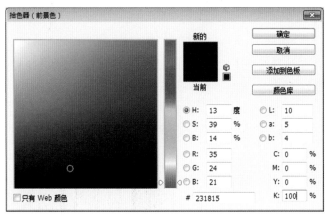

图 2-138

图 2-139

STEP 29 更改颜色

在工具箱中选择【设置前景色】，双击按钮在弹出的【拾色器（前景色）】对话框中，设置色值为 K100（如图 2-139）；在图层面板中点击图层，按【Alt】+【Backspace】键填充颜色（如图 2-140）。

图 2-140

第五步　存储输出文件

STEP 30 存储文件

单击菜单栏,选择【文件→存储】或按快捷键【Ctrl】+
【S】,在弹出的【存储为】对话框中,设置信息如
下（如图 2-141）:

- 保存在: 通过黑色三角打开下拉菜单选择所要存储
  的盘符与文件夹

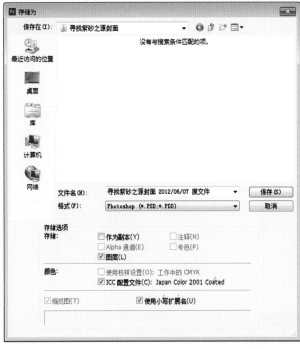

图 2-141

- 文件名: 寻找紫砂之源封面 2012 / 06 / 07 原文件
- 格式: Photoshop（*.PSD；*.PDD）
- 存储: 图层
- 颜色: ICC 配置文件（C）: Japan Color 2001 Coated
- 使用小写扩展名
- 单击保存

STEP 31 输出文件

单击菜单栏,选择【文件→存储】或按快捷键【Ctrl】+
【S】,在弹出的【存储为】对话框中,设置信息如
下（如图 2-142）:

- 保存在: 通过黑色三角打开下拉菜单选择所要存储
  的盘符与文件夹
- 文件名: 寻找紫砂之源封面 2012 / 06 / 07 输出文件
- 格式: TIFF（*.TIF；*.TIFF）
- 存储: 作为副本
- 颜色: ICC 配置文件（C）: Japan Color 2001 Coated
- 使用小写扩展名
- 单击保存

STEP 32 输出文件

单击菜单栏,选择【文件→存储】或按快捷键【Ctrl】+
【S】,在弹出的【存储为】对话框中,设置信息如
下（如图 2-143）,在弹出的【存储 Adobe PDF】
对话框中,设置信息如下（如图 2-144）:

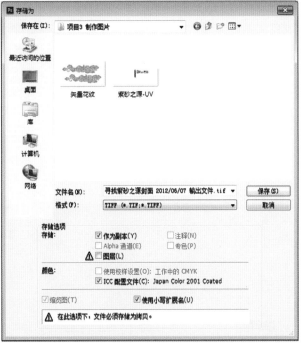

图 2-142

图 2-143

图 2-144

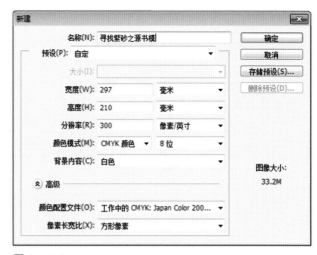

图 2-145

- 保存在：通过黑色三角打开下拉菜单选择所要存储的盘符与文件夹
- 文件名：寻找紫砂之源封面 2012 / 06 / 07 输出文件
- 格式：PDF（ *.PDF；*.PDP）
- 存储：作为副本
- 颜色：ICC 配置文件（C）：Japan Color 2001 Coated
- 使用小写扩展名
- 单击保存
- 一般：保留 Photoshop 编辑功能
  优化页面缩览图
- 压缩：不缩减像素采样
  压缩：JPG
  图像品质：最佳
- 输出：颜色转换：转换为目标配置文件
  目标：Japan Color 2001 Coated
  配置文件包含方案：不包含配置文件
- 单击存储 PDF

（第六步） 制作书模效果图

STEP 33 建立文件

单击菜单栏，选择【文件→新建】或按快捷键【Ctrl】+【N】，在弹出的【新建】对话框中，设置信息如下（如图 2-145）：

- 名称：寻找紫砂之源书模 分层源文件
- 预设：自定
- 宽度：297 毫米
- 高度：210 毫米
- 分辨率：300 像素 / 英寸
- 颜色模式：CMYK 颜色 /8 位
- 背景内容：白色
- 单击确定

STEP 34 设置渐变信息

单击工具箱，选择【渐变工具】或按快捷键【G】，设置工具栏信息（如图 2-146），单击鼠标左键点按可编辑渐变 ▭ 按钮，在弹出的【渐变编辑器】对话框中，设置信息如下（如图 2-147）：（按住【Shift】键单击鼠标左键由画面顶部拖移至画面底部，松开按键和鼠标如图 2-148 所示。

- 名称：前景色到背景色渐变
- 渐变类型：实底
- 平滑度：100%
- 颜色：K60
- 位置：100%
- 单击确定

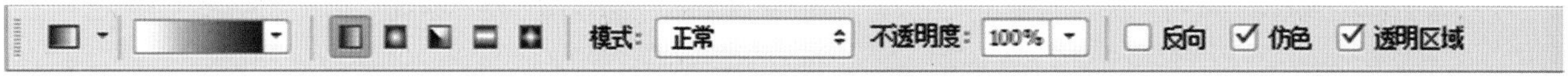

图 2-146

图 2-147

图 2-148

STEP 35 置入"封面"图片

单击菜单栏选择【文件→置入】，把鼠标放置到变换框四角的节点上，当鼠标变成双箭头图标时，按住【Shift】键（保证等比例缩放）点击鼠标左键进行拖拽，调整到满意的尺寸，双击鼠标左键确定（如图 2-149）。（应用以上方法完成书脊的拖拽）

STEP 36 设置辅助线

单击菜单栏，选择【视图→标尺】或按快捷键【Ctrl】+【R】，把鼠标移至标尺上，单击鼠标左键便可拖拽出参考线，也可以通过选择工具箱中的【移动工具】，放在参考线上，按住鼠标向画面以外拖拽参考线，把参考线删除。根据书籍大小建立参考线（如图2-150）。

图 2-149

图 2-150

STEP 37 调节封面形状

单击图层面板中"封面"图层，使其处于工作状态（如图 2-151），单击菜单栏，选择【编辑→变换→透视】，把鼠标放到变换框左上角，按住鼠标左键向下拖拽，封面发生透视变化，到满意为止，在变换框内双击鼠标左键确定（如图 2-152）。（应用此方法改变书脊形状）

图 2-151

图 2-152

STEP 38 制作书模投影

单击图层面板中"封面"图层，使其处于工作状态（如图 2-153），在"封面"图层上，单击右键复制图层，在弹出的【复制图层】对话框中，设置名称为"封面副本"。（应用此方法复制书脊图层）

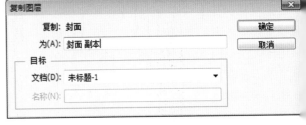

图 2-153

STEP 39 更改"封面"图片形状

单击图层面板中的"封面"图层，使其处于工作状态（如图 2-154），按住【Shift】键单击鼠标左键垂直移动"封面"图层，放置画面底部位置，单击菜单栏选择【编辑→自由变换】或按快捷键【Ctrl】+【T】，在变换框内单击鼠标右键，选择【垂直翻转】，移动鼠标置四角的节点，按住【Ctrl】单击鼠标左键拖移四角改变图片形状（如图 2-155），双击左键确定。（应用此方法更改书脊图片形状）

图 2-154

图 2-155

STEP 40 调整图层蒙版遮挡效果

单击图层面板"封面"图层，更改不透明度为：30%（如图 2-156），点击图层面板底部  添加图层蒙版按钮，单击工具箱选择"渐变"工具，设置工具栏信息（如图 2-157），单击鼠标左键由画面底部至顶部拖拽渐变到满意为止（如图 2-158）。（应用此方法调整书脊蒙版遮挡效果）

STEP 41 存储文件

单击菜单栏,选择【文件→存储】或按快捷键【Ctrl】+【S】，在弹出的【存储为】对话框中，设置信息如下（如图 2-159）：

- 保存在：通过黑色三角打开下拉菜单选择所要存储的盘符与文件夹
- 文件名：寻找紫砂之源书模
- 格式：Photoshop（*.PSD；*.PDD）
- 存储：图层
- 颜色：ICC 配置文件（C）：Japan Color 2001 Coated
- 使用小写扩展名
- 单击保存

图 2-156

图 2-157

图 2-158

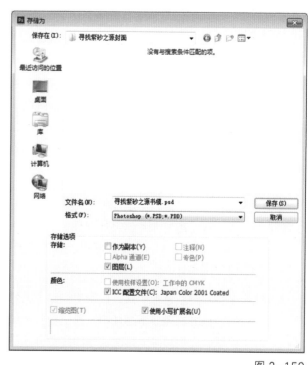

图 2-159

4）相关参考资料

参考书目

- 邓中和．书籍装帧．北京：中国青年出版社，2004
- 吴建军．印刷媒体设计．北京：中国建筑工业出版社，2005

参考网站

- www.baidu.com
- www.zcool.com

项目4　名片

名片，又称卡片，是标示姓名及其所属组织、公司单位和联系方法的纸片。名片设计是指对名片进行艺术化、个性化处理、加工的行为。名片是一个人、一种职业的独立媒体，是新朋友互相认识、自我介绍的主要商业交往方法。在设计上以清楚地传达个人信息及个人形象为主要目的。此项目的操作比较简单，适合 Illustrator 的初学者。通过本项目的练习进一步熟悉 Illustrator 的操作界面及基础工具，学习使用 Illustrator 的核心功能贝塞尔曲线，了解利用 Illustrator 制作印刷文件的必备知识点，掌握 Illustrator 中平面设计文件制作的基本流程。

1. 课程要求

1）训练要求

A. 掌握 Illustrator 中钢笔工具与图形工具的使用技巧。

B. 了解 Illustrator 制作印刷成稿的基本流程。

2）学习难点

A. Illustrator 中钢笔工具的使用技巧。

B. Illustrator 制作印刷稿件的基本要求。

3）课程概况

课题名称：计算机辅助平面设计 —— 名片

课题内容：制作完成"西贡 .COM 越南主题餐厅"高层名片设计，从成品尺寸的设计、辅助线的建立到置入草稿完成曲线绘制及文字的输入，最终制作成稿。项目要求设计必须体现客户的个人品味，客户是一位女性，喜欢荷花，所经营的饭店具有很高的艺术美感，名片主要应用于饭店客户的交流。在项目练习中设计素材和设计形式可根据个人设计感受自由设置。制作完成稿件最终必须是能够按印刷标准输出的成品稿件。

课题时间：8 课时 + 课余时间

训练目的：通过商业高层名片的设计制作，让学生掌握 Illustrator 的核心工具"钢笔工具"的使用，深入了解 Illustrator 中设计稿件的制作流程，学习使用图层面板制作印刷工艺图层，并了解与此项目相关的印刷基本常识。

教学方法：采用实践项目教学法，按发现问题（分析案例）、解决问题（教师示范）、巩固知识（学生练习）的流程方式完成课题任务。通过分析案例让学生自主思考此项是如何完成的，从而发现问题、提出问题，之后再进入解决问题阶段教师示范制作过程，这样能更好调动学生自主学习的积极性。最终通过课题作业的制作完成，让学生巩固学到的知识点。

教学要求：先系统学习项目 4 涉猎到的相关知识点，思考、制定项目制作流程，了解项目涉及的印刷常识，项目 4 的素材从 www.ccmz.cn 网站下载，最终排版效果可自由发挥。

作业评价：1. 名片画面完整、信息传达准确。

　　　　　2. 制作文件思路清晰，印刷工艺图层名称明确。

　　　　　3. 作品符合印刷成稿要求。

　　　　　4. 版面设计风格符合项目要求，具有很好的艺术性。

2. 相关知识点

1）名片制作相关印刷常识

（1）名片的尺寸

A. 中式名片，90mm×54mm，这个比例符合黄金分割比，这个比例的矩形也称"黄金矩形"，有和谐、完整的视觉感受，是商业名片设计中最常使用的尺寸；

B. 美式名片，90mm×50mm，此尺寸符合16：9的白金视觉比，符合视觉审美要求，也是商业名片设计比较常用的尺寸；

C. 欧式名片，85mm×54mm，此尺寸符合16：10的白银视觉比，视觉效果舒适，是银行卡、各类VIP卡的常用尺寸，应用范围非常广泛；

D. 窄式名片，90mm×45mm，此尺寸比较适合有一定艺术性、时尚感的名片；

E. 超窄名片，90mm×40mm，此尺寸多应用于个人个性类的名片；

F. 横向折卡名片，常用的尺寸有90mm×95mm（折后前面尺寸为90mm×40 mm，下面的尺寸为90mm×55 mm）；90mm×110mm（对半折后成品尺寸为90mm×55mm），适合内容比较多的名片；

G. 竖向折卡名片，130mm×54mm（折叠位置40×54‐90×54）；130mm×50mm（折叠位置40×50‐90×50）；此尺寸多应用于个性创意名片。

名片的最佳和谐视觉尺寸为90×54mm，这种尺寸更便于收藏。如果觉得标准的尺寸过于死板也可以设计不同的尺寸，建议宽度不要超过54mm，因为常见的名片夹都是以这个尺寸为标准制作的。异形名片在生活中也很常见，一般都是用来展示独特与个性，例如创意行业、时尚行业等，这类名片的制作成本也就会稍高一些。在制作名片的成品文件时，设计师需要注明名片的成品尺寸。名片的制作文件尺寸需要在上下左右再各加3mm出血，例如，成品尺寸为90mm×54mm，那么制作文件的尺寸应该为96mm×60mm。

（2）名片的种类

A. 按排版方式，分为横式名片、竖式名片和折叠名片。

a. 横式名片，是以宽边为底，窄边为高的名片排版方式。

b. 竖式名片，是以窄边为底，宽边为高的名片排版方式。

c. 折卡名片，是可折叠的名片，比正常名片多出一半空间。

B. 按印刷方式，分为数码名片、胶印名片、特种名片三类。

a. 数码名片，是采用激光打印机输出的名片，纸张受打印机的限制，

图 2-160　A-Moloko 企业名片 / Ermolaev Bureau

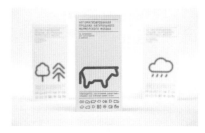

图 2-161　A-Moloko 企业名片 / Ermolaev Bureau

图 2-162　DAREK FEDKO 企业名片 / 佚名

图 2-163　Teknoplast identity / Sergei Kudinov

打印质量优异，印刷时间短，立等可取，是常用的名片制作方式。

b. 胶印名片，是用胶印机印刷的名片。印刷载体为各类纸张，印刷随意性大、质量好。印刷流程比较复杂、周期长，必须专业人员进行操作。

c. 特种名片，是用丝网印刷机，把名片内容印于不同材质上的方式。如金属、塑料、布料等特殊材质。

C. 按印刷表面，可分为单面名片、双面名片两类。名片有两个面：正面与反面。

a. 单面名片，只印刷名片的一面。

b. 双面名片，印刷名片的正反两面。名片印刷的面数也是决定价格的重要因素。

D. 按印刷色彩，可分为单色、双色、彩色、真彩色四类。即是按印刷油墨的色彩数量来分，每增加一种颜色，就得增加一次印刷，颜色的数量也是决定名片价格的主要因素。

a. 单色名片，印刷一次颜色的名片，颜色可以是黑色也可以是其他颜色。

b. 双色名片，印刷两次颜色的名片，是应用最为普遍的形式之一，两种颜色主要用来区分 logo 和文字信息。

c. 彩色名片，是印刷三次的名片。因使用三色能使名片标志得到较好发挥，注重对外形象的企业大多使用三色名片，由于其套色复杂所以价格比较高。

d. 真彩色名片，是印刷三次以上，多用于彩色图片作为名片内容的印刷方式，效果比彩色名片更细致。

E. 按材质分类，名片设计的材质很多，最为常用的主要有：纸质名片、金属名片、PVC 名片、木质名片等。

图 2-164 Wesley Mann 人物卡牌 / Heydays Design Agen

图 2-165 Bosstroy / Sergei Kudinov

图 2-166 Bosstroy / Sergei Kudinov

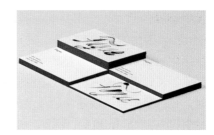

图 2-167 Fugue 名片 / Multiple Owners

图 2-168 Livwrk 名片 / Parabolic Playgrounds

图 2-169 El Semillero 企业名片 / 佚名

图 2-170 Telemobisie 品牌设计 / ［波兰］

图 2-171　Media Tube 名片

图 2-172　Wesley Mann 人物卡牌 / Heydays Design Agen

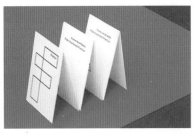

图 2-173　Fraher Architects 企业名片 / Multiple Owners

a. 纸质名片，是以纸张作为名片印刷载体的名片。名片纸张的种类繁多，主要有铜版纸、哑粉纸、特种纸等。例如市面上普遍流通的最常见的铜版纸名片、是使用最广泛的名片用纸，而像采用欧美进口的顶级刚古、星域、丽芙等特种纸的名片属于高档名片,价格也相差很多。

b. 金属名片，是以金属材料作为名片的载体，金属名片薄如纸，韧如钢，极富弹性。有纯铜、黄金等金属材料构成。有不易折损的特点，价格相对比较高。

c. PVC 名片，是以一种乙烯基的聚合物质材料为载体，采用丝网印刷技术，结合烫电化铝等工艺制作出的一种特殊的名片。名片有透明、不容易划伤、防水、防腐、防折曲的特点。

d. 木质名片，是以木片作为载体，采用激光雕刻、丝网印刷等技术制作的名片。

F. 按名片用途，即是按名片的使用目的来划分。名片可分为商业名片、公用名片、个人名片三类。

a. 商业名片，是为公司、企业业务活动所设计的名片，大多以营利为目的，名片具有很强的商业特质。商业名片的内容主要有：企业的标志、电话、邮箱、业务范畴等，每个公司的名片都有自己统一的格式是公司 VI 系统的一部分，名片上没有太多的私人信息，主要用于商业活动。

b. 公用名片，是政府或社会团体在对外交流中使用的名片，名片的使用不以营利为目的。公用名片的主要内容有：标志、电话、地址及个人头衔和职称，名片内没有私人家庭信息，主要用于对外交往与服务。

c. 个人名片，是结识朋友所使用的名片。个人名片的主要特点为：名片设计个性化、可自由发挥，还可以有个人照片、爱好、头衔和职业，名片的版式、纸张、印刷工艺都根据个人喜好，名片中含有私人家庭信息，以展现个人品位、特征为主。

图 2-174　Pure Metal Cards

图 2-175　印特尔名片设计

图 2-176　Pure Metal Cards

图 2-177　Syndicate du Nord/NobleNorse Studio

（3）名片的印刷方式

A. 电脑＋彩色打印机打印，此种方式是目前最简单、速度最快的名片制作方式，采用彩色喷墨打印机或彩色激光打印机制作名片。不需要专门的技术人员和价格昂贵的专业设备，技术简单、入门级别低，大多数码打印店都采用这种方式制作名片。彩喷机制作名片的速度要比激光机慢但耗材成本比较低，因此使用的比例要大于彩色激光机，但效果比较差。彩色激光打印机是最常见的名片打印形式，速度快、效果好，但在打印纸的选择上有局限性。

图 2-178 沙特天文台名片

B. 小型名片胶印机印刷，是目前名片印刷的主要方式，小型名片胶印机印刷速度快，质量好，成本极低，特别是使用特种名片纸印刷，更是独具优势。缺点是技术性强，印刷质量受人为影响的因素比较大，速度比数码印刷要慢，不能立印立取。

C. 四色胶印机拼版印刷，采用四色胶印机印刷名片，大多数都采用进口的四色八开印刷机印刷，优点是：印刷质量好，可以进行覆膜、UV上光等后期加工。但四色印刷机对于印量是有一定要求的，所以都采用拼活的方式，把不同的名片编辑排版拼版到一张八开的大纸上，直接在八开的四色机上统一印刷，印好后进行裁切。此种方式特别适合集团名片的批量印刷。四色机印刷多采取拼版集中印刷的方式，所以在交货时间上要长一些，另外，几十个名片在同一张纸上印刷，所以纸张的可选性比较差，一般都为 250 克铜版纸或 250 克哑粉纸。

图 2-179 设计师个人名片 / Jae Salavarrieta

D. 特种印刷，特种印刷主要包括丝网、转印、激光等，应用于特殊材质的名片制作，例如：金属名片、PVC 名片、布料皮革名片等，操作相对复杂，工作效率较低，但丰富了名片创意表现的形式，更能彰显名片设计的个性特征。

图 2-180 "BAZAKI" 果汁酒吧品牌名片

（4）名片常使用的印刷工艺

A. 圆角模切工艺，圆角名片具有特别的亲和力，PVC 材质的名片多采用圆角工艺，手感舒适、艺术性强，圆角名片同时方便于夹入名片夹中。

B. 局部 LOGO 烫金工艺，商业名片经常采用局部 LOGO 烫金工艺，恰当地起到画龙点睛的作用，突出企业的品质感。

C. 多边裁剪工艺，名片不是正规的长方形，而是按设计师的创意裁剪不同边数及造型的名片。别出心裁的创意设计可以更好地彰显品牌的独特气质与特征，夸张地表现让客户容易识别和记忆。

图 2-181 B.O.I.D. 在线杂志名片

D. 凹凸工艺，名片图形凹凸也是比较常见的印刷工艺效果，采用这种工艺能够达到视觉精致品位高雅的感觉，尤其针对简单的图形和文字轮廓，采用凹凸工艺效果更加明显。

E. 局部 UV 工艺，是指使用 UV 油墨在 UV 印刷机上实现局部 UV 印刷效果。在印刷表面形成光亮凸起，起到突出局部文字、图案的作用。

图 2-182 Chaput Real Estate 名片设计

图 2-183　hello 名片设计

图 2-184　PAUL HARTSOOK 名片设计

图 2-185　Vesha Law 企业名片

F. 滚边工艺，名片的四周侧面印刷上色，色彩的种类很多还可以选择金、银墨效果。

G. 打孔工艺，在名片上打孔设计制作个性化名片，使名片增添一种特殊的艺术感。

H. 局部镂空工艺，就是利用模切板在名片图形部分采用镂空的工艺，使名片的艺术效果更强。

图 2-186　GROSZ COLAB 名片设计

2）名片设计相关知识点

（1）名片的文字编排模式

A. 右对齐，是文字靠右边对齐的编排模式，这种对齐方式不利于阅读，仅限于简短的文字排版使用，是名片设计最常使用的编排形式之一，与左对齐相比右对齐更富于节奏变化，有一定的艺术感。

B. 左对齐，是文字靠左边对齐的编排模式，符合人们的阅读习惯，重点比较容易突出，是比较常用的文字编排形式，右侧不同长度的文字为画面增加了节奏变化。

图 2-187　DAN VULETICI 名片设计

C. 左右对齐，是名片中文字左右皆对齐的形式，这种方式使名片中的文字形成矩形，让画面更具稳定感，带给人诚信、可靠的心理感受，多用于商业名片设计。

D. 居中对齐，是名片中的文字居中对齐，这种方式增加了画面的韵律感，使文字更富有诗意，适合个人名片的文字编排。

图 2-188　MENTALLAB 名片

图 2-189　Ethan Martin 名片

图 2-190　Chris cavil 名片

图 2-191　Bosstroy / Sergei Kudinov

E. 中式排文，名片中的文字是从左至右，由上到下的编排方式，这种编排形式更适合具有中式特点的商业项目或个人名片设计。

以上提到的文字编排模式都是名片中最基本的编排形式，在具体应用的过程中，要根据客户的特点和设计内容恰当选择、综合使用。文字是名片设计的主体，除了编排形式以外，字体、字号的选择也很重要，字体最好控制在三种以内。字号，最小的文字不能小于6pt，否则会影响文字的辨识。

（2）名片的内容

A. 姓名，最重要的一部分，也是名片突出的主要元素，名字可以选择字体，也可以选择签名，印章等。

B. 公司名称，是商业名片中不可缺少的一部分。

C. 公司标志，也称 logo，在商业名片设计中此部分多会采用不同的色彩或工艺，起到突出公司形象的作用。

D. 经营项目，更直观地表现自己所经营的主要业务、产品等，加深客户印象。

E. 联系方式，最必要的一部分，手机、座机、邮箱、传真、QQ、网址、微信二维码等，可以选择使用，也可全部使用。

F. 职务，让名片的接收者更为直观地知道你所负责的业务范畴。不写上职务也是可以的，另外还可以多加一些社会团体的头衔，如会长、顾问、会员等。

G. 照片，保险行业的名片较多应用照片在名片上，让客户加深印象。演艺人士或艺术家也喜欢放写真照片或艺术画像。

H. 位置地图，房地产、饮食行业最常采用的名片形式，把自己公司或店面的位置画成地图，还可写上行车路线，让客户可以直接找到公司所在地。

（3）名片的设计要点

名片是人与人交流的一种工具，所以其设计要具有强烈的识别性，要便于记忆，让人在最短的时间内获得准确的信息。因此名片设计必须做到文字简明扼要，字体层次分明。名片设计的基本要求应强调三个字：简、准、易。

A. 简：名片传递的主要信息要简明清楚，构图完整明确。

B. 准：信息传达必须准确无误。

C. 易：便于记忆，易于识别。

3. 实践程序

1）项目分析

在进行项目制作前，我们先来分析此项目主要应用了 Illustrator 哪些功能。整体名片的制作主要应用了 Illustrator 的核心功能——贝塞尔曲线。利用钢笔工具在画面中绘制辅助图形"荷花"（如图 2-192），充分锻炼了 Illustrator 中钢笔工具的使用技巧。文字的编排是本项目的另一个重点，特别是对齐功能面板的具体应用，让文件制作标准化。标准、精确是 Illustrator 文件的主要特征。

2）项目制作思路

（1）明确项目要求，此项目名片为双面，烫金，印单黑。名片采用居中式的排版方式，要求完稿为印刷文件。

（2）收集整理项目所需素材，此步骤把客户提供的素材和创意稿中所用到的材料收集到同一个文件夹中。本书中涉及的项目素材可到 www.ccmz.cn 下载应用。

（3）建立文件，确定成品尺寸，此项目采用的是 90mm×55mm 的窄款、竖式的构图形式，使用双面印刷方式，所以文件在建立时要有正、背面两个画板，并且为竖构图画面。

（4）设置网格，在此步骤利用矩形网格将画面合理分割，适应网格进行标准制图的方式。注意在制作的过程中明确图层名称，这样有利于日后文件的更改。辅助线的搭建，有利于设计师对画面空间的掌握以及对出血图形的设置。

（5）绘制图形，此步骤需要使用【钢笔工具】实现曲线图形的绘制，注意掌握【钢笔工具】的使用技巧。

（6）制作文字，此步骤主要利用文字工具，输入文字信息，确定字体、字号、行间距，并利用对齐面板进行文字的编排设计。

（7）制作工艺发版层，此项目中 logo 及名片背面的

辅助图形都将采用烫金工艺。在 Illustrator 中，设置
特殊工艺图层并更改图层名称为所使用的工艺名称，
有利于印刷厂进行识别制版。特殊工艺区域的文字或
图形都采用单黑（K：100），其他值为 0 的色彩填
充模式。

8）存储输出文件，此步骤中注意要按印刷要求输
出成品文件（输出文件格式一般为 EPS），并保存
好 AI 源文件，以备更改使用。注意文件的命名方式，
以备以后查找及更改。

）制作过程

第一步　建立文件

STEP 01 建立文件

打开 Illustrator 单击菜单栏，选择【文件→新建】或
按快捷键【Ctrl】+【N】，在弹出的【新建文档】对
话框中，设置信息如下（如图 2-194）：

名称：西贡 .com 越南主题餐厅名片 2015 / 03 / 09
源文件

配置文件：［自定］

画板数量：1

大小：［自定］

宽度：170mm

高度：170mm

单位：毫米

取向：纵向

出血：上方 0mm 下方 0mm 左方 0mm 右方 0mm

颜色模式：CMYK

栅格效果：高（300ppi）

预览模式：默认值

单击确定

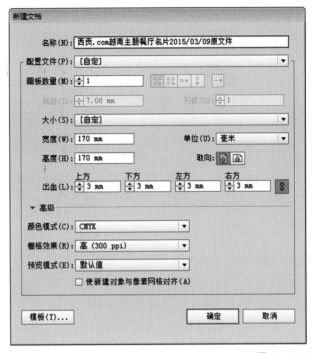

图 2-193

第二步　设置网格

STEP 02 建立矩形网格

单击菜单栏选择【窗口→图层】或按快捷键【F7】，
在图层面板中单击 "图层 1"，使其处于工作状态。
单击工具箱选择【矩形网格工具】或按快捷键【\】，
在弹出的【矩形网格工具选项】对话框中，设置信息
如下（如图 2-194）。

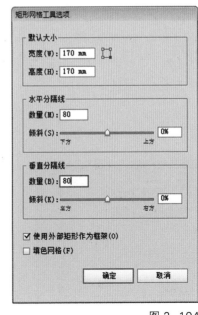

图 2-194

图 2-192　"西贡 .com 越南主题餐厅" 名片

STEP 03 给矩形网格填充描边

单击工具箱【选择工具】或按快捷键
【V】，选择矩形网格，在工具箱中选
择"描边" 或按快捷键【X】，单
击菜单栏选择【窗口→色板】，在弹
出的【色板面板】底部单击"新建色
板" 按钮（如图 2-195），设置"新
建色板"信息如图 2-196 所示。网格
颜色设置完成后，单击"图层 1"面板
中的"切换锁定" 按钮（如图 2-197），
使网格不可移动或编辑。

STEP 04 绘制名片画面（四边出血为
3mm）

单击工具箱【矩形工具】或按快捷键
【M】，在弹出的【矩形】对话框中，
设置信息如下（如图 2-198）：（名
片分为正面、背面，如图 2-199）

- 宽度：61mm
- 高度：96mm
- 单击确定

（第三步）**绘制图形**

STEP 05 创建新图层

单击菜单栏【窗口→图层】或按快捷
键【F7】，在图层面板底部单击"创
建新图层" 按钮新建"图层 2"（如
图 2-200）。

STEP 06 置入"花纹"素材

单击菜单栏【文件→置入】，在弹出
的【置入】对话框中，选择"花纹"，
单击置入（如图 2-201）。

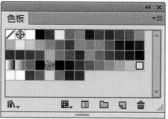

图 2-195

图 2-196

图 2-197

图 2-198

图 2-199

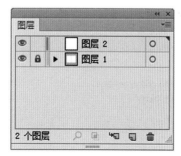

图 2-200

图 2-201

STEP 07 调整图片大小

单击工具箱【选择工具】或按快捷键【V】，把鼠标放到变换框四个角处，按住【Alt】+【Shift】键（保证等比例缩放）点击鼠标左键进行拖拽，调整到满意的尺寸（如图2-202），单击工具栏选择嵌入，使图片变成可编辑图像（如图2-203）。（在图层面板中单击"切换锁定" 🔒 按钮，使"花纹手绘原稿"不可移动）

STEP 08 创建新图层

在图层面板底部单击"创建新图层" 🔲 按钮新建"图层3"。

STEP 09 绘制路径

单击工具箱【钢笔工具】或按快捷键【P】，单击鼠标左键在画面中设定"锚点"（如图2-204），根据嵌入花纹的线条走向，调整"方向点"及"曲线段"来实现矢量图形的绘制（如图2-205）。（"钢笔工具"每在画板上点击一次，便会创建一个新锚点。在使用钢笔工具时，可按住【Alt】键暂时切换为【转换锚点工具】，按住【Ctrl】键暂时切换为【直接选择工具】，松开鼠标变回钢笔工具。）

STEP 10 调整路径、建立编组路径

单击"图层2"面板的"切换可视性" 👁 按钮，隐藏"图层2"（如图2-206）。使用钢笔工具调整曲线，把【钢笔工具】移至花纹路径的锚点上，【钢笔工具】转换为【删除锚点工具】，单击鼠标可以删减锚点；把【钢笔工具】移至路径线段上，钢笔工具转换为【添加锚点工具】，单击鼠标可以在曲线段上添加新的锚点。按住【Alt】键或【Ctrl】键切换为【转换锚点工具】和【直接选择工具】，是调整路径最常使用的方

图 2-202

图 2-203

图 2-204

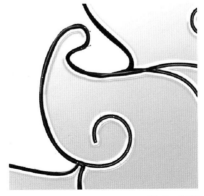

图 2-205

图 2-206

式。调整路径结束后，选择【移动工具】按住鼠标左键，从画面左上角向右下方拖拽，把所有路径框选上，按快捷键【Ctrl】+【G】，实现编组（如图2-207），此时所有路径为一个整体可同时移动。（按【Shift】+【Ctrl】+【G】可取消编组）

STEP 11 调整描边颜色、粗细
单击工具箱【选择工具】或按快捷键【V】，在编组路径上单击鼠标左键，点击工具栏填色窗口，在弹出的色板中移动鼠标会出现色块的色值，选择单黑色（C：0，M：0，Y：0，K：100），在描边粗细窗口中设置数值：3pt（如图2-208）。

STEP 12 调整"花纹"大小适于名片尺寸
单击工具箱【选择工具】或按快捷键【V】，点击鼠标左键，选择编组花纹，按住【Shift】键（保证等比例缩放）按住鼠标左键进行拖拽，调整到满意的尺寸，松开鼠标和按键（如图2-209）。

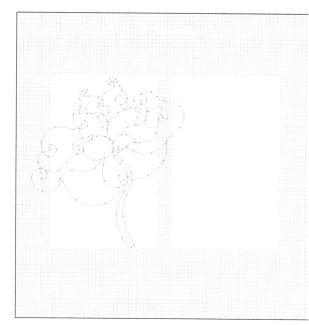

图 2-207

图 2-209

图 2-208

STEP 13 建立剪切蒙版
选择工具箱中的【矩形工具】或按快捷键【M】，单击画面在弹出的【矩形】对话框中，设置信息如图2-210所示，将准备留在名片背面的花纹用矩形框框上，在工具箱中单击【选择工具】或按快捷键【V】，按住【Shift】键点击鼠标左键分别选择矩形框架和花纹（如图2-211），使其处于被选状态，单击鼠

标右键，在下拉菜单中选择【建立剪切蒙版】（如图 2-212）。

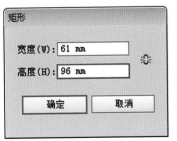

图 2-210

图 2-211

图 2-212

制作文字

STEP 14 输入文字

单击工具箱中"文字工具" **T.** 或按快捷键【T】，在画板上单击鼠标左键，输入文字"西贡"（如图 2-213）。

STEP 15 更改文字信息

单击菜单栏选择【窗口→文字→字符】或按快捷键【Ctrl】+【T】，在弹出的字符面板中点击"显示选项" 按钮，更改字符信息如下（如图 2-214）：

• 设置字体系列：微软雅黑
• 设置字体样式：Regular
• 设置字体大小：15pt
• 设置行距：6pt
• 垂直缩放：100%
• 水平缩放：100%
• 设置两个字符间的字距微调：自动
• 设置所选字符的字距调整：0
• 比例间距：0%
• 插入空格（左）：自动
• 插入空格（右）：自动
• 设置基线偏移：0pt
• 字符旋转：0°
• 语言：英语：美国
• 设置消除锯齿方法：明晰

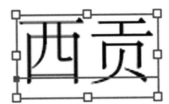

图 2-213

图 2-214

STEP 16 创建文字轮廓

单击工具箱中的【选择工具】或按快捷键【V】，用鼠标左键选择文字，单击鼠标右键选择"创建轮廓"使文字变为图形，可通过锚点调整形状（如图2-215）。

图 2-215

STEP 17 创建新字形

单击工具箱选择【矩形工具】或按快捷键【M】，或应用"钢笔"工具，在基本文字图形的基础上，绘制新文字图形并将文字图形创新（如图2-216），根据文字图形可选择【添加锚点工具】或按快捷键【+】或选择【删除锚点工具】或按快捷键【-】，按住【Ctrl】键单击"方向点"调整曲线段。（应用以上方法改变文字图形，调到满意为止如图2-217所示）

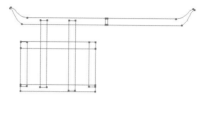

图 2-216

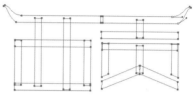

图 2-217

STEP 18 填充文字颜色

单击菜单栏选择【窗口→色板】，在色板面板中单击"新建色板按钮" 🔲，在弹出新建色板对话框中，设置信息如下（如图2-218）：
- 色板名称：C=0 M=0 Y=0 K=80
- 颜色类型：印刷色
- 颜色模式：CMYK
- 单击确定

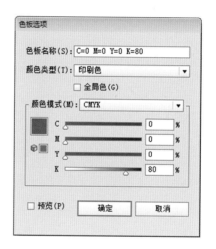

图 2-218

STEP 19 输入文字

单击工具箱中的"文字工具" 🅣 或【T】，在画板上单击鼠标左键，输入文字"Tel/188 0000 0000"（如图2-219）。

图 2-219

STEP 20 更改文字信息

单击菜单栏选择【窗口→文字→字符】或按快捷键【Ctrl】+【T】，单击字符面板中的"显示选项" 按钮，更改字符信息如下（如图2-220）：
- 设置字体系列：Arial
- 设置字体样式：Regular
- 设置字体大小：7pt
- 设置行距：6pt
- 垂直缩放：100%
- 水平缩放：100%
- 设置两个字符间的字距微调：自动
- 设置所选字符的字距调整：0
- 比例间距：0%
- 插入空格（左）：自动
- 插入空格（右）：自动

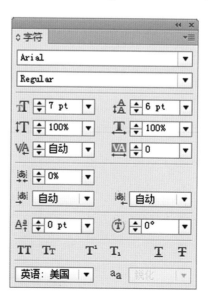

图 2-220

- 设置基线偏移：0pt
- 字符旋转：0°
- 语言：英语：美国
- 设置消除锯齿方法：明晰

STEP 21 对齐文字信息

单击菜单栏选择【窗口→对齐】或按快捷键【Shift】+【F7】，打开对齐面板。按住【Shift】键点击画板内需要对齐的文字对象，在【对齐面板】中找到"对齐对象"点击"水平居中对齐" ⬒ 按钮（如图2-221），单击对齐面板最右下角的"对齐所选对象" ⬚▾ 按钮，选择"对齐关键对象" ⬚▾ 按钮，再选择【对齐】面板中的"分布间距"，设置指定间距值为0.1mm，点击"垂直分布间距" ⬚ 按钮（如图2-222）。（如对齐面板没有全部展开，请单击右上角的"显示选项" ▾▾ ）
- 所有文字的制作方法都同上，完成名片正面的制作（如图2-223）。

图 2-221

图 2-222

（第五步）　**制作工艺发版层**

STEP 22 制作"烫金工艺版"层

选择工具箱中的【选择工具】或按快捷键【V】，单击鼠标左键选取花纹图形，和企业标志花卉部分，按下【Ctrl】+【X】键，剪切图形。在图层面板中点击"新建图层面板" ⬚ 按钮，选择新建"图层4"，按下【Shift】+【Ctrl】+【V】实现原位粘贴。在图层面板中更改图层名称如图2-224所示。（需要制作工艺的图形或文字，填充颜色必须为单色值）

图 2-223

图 2-224

第六步 存储输出文件

STEP 23 存储文件

单击菜单栏选择【文件→存储为】或按快捷键【Shift】+【Ctrl】+【S】，在弹出的【存储为】对话框中，设置信息如下（如图 2-225）：

- 保存在：通过黑色三角打开下拉菜单选择所要存储的盘符与文件夹
- 文件名：西贡 .com 越南主题餐厅名片 2015 / 03 / 09 源文件
- 格式：*.AI
- 单击保存

STEP 24 存储文件

单击菜单栏选择【文件→存储为】或按快捷键【Shift】+【Ctrl】+【S】，在弹出的【存储为】对话框中，设置信息如下（如图 2-226）：

- 保存在：通过黑色三角打开下拉菜单选择所要存储的盘符与文件夹
- 文件名：西贡 .com 越南主题餐厅名片 2015 / 03 / 09 输出文件
- 格式：*.EPS
- 单击保存

4）相关参考资料

参考书目

- 朱琪颖 . 版式设计 . 北京：中国建筑工业出版社，2005
- 加文 . 安布罗斯　保罗 . 哈里斯 . 海报设计 . 北京：中国青年出版社，2006

参考网站

- www.baidu.com
- www.zcool.com

图 2-225

图 2-226

第五节　项目5　标志

标志在英文中称"LOGO"，是平面设计中最能考验设计师能力的设计项目之一，是平面设计专业的核心课程，是所有学习设计的初学者都必须掌握的。Illustrator 这款软件尤其适用于图形及文字设计，是制作 LOGO 的首选软件。现代平面设计风格，也受数字技术发展的影响，如当下最为流行的扁平风，就是受软件技术的影响，是 Illustrator 最擅长的表现风格之一。由于标志的商业应用范围很广，所以在绘制时需要科学、标准的制图方式。如何利用 Illustrator 进行标准制图是此项目的重点，此项目操作简单，适合初学者学习。

1. 课程要求

1）训练要求

A. 熟练掌握 Illustrator 中路径查找器的使用技巧。

B. 学习使用网格和形状工具进行标志的标准制图。

C. 熟悉 Illustrator 中标志的基本制作流程。

2）学习难点

对 Illustrator 标准制图法的学习需要学生在练习中逐步体会，并能灵活地运用到自己的创作中。

3）课程概况

课题名称：计算机辅助平面设计——标志

课题内容：设计、制作完成"集天食"的标志，从草稿导入排版，最终制作成稿。在整个制作过程中，要逐步体会 Illustrator 标志标准制图的流程与方法，学习标志设计、制作思路。

课题时间：4 课时 + 课余时间

训练目的：学习利用网格和路径查找器制作完成标志，了解标准的基本制作流程。

教学方法：采用实践项目教学法，按发现问题（分析案例）、解决问题（教师示范）、巩固知识（学生练习）的流程方式完成课题任务。通过分析案例让学生自主思考此项是如何完成的，从而发现问题、提出问题，之后再进入解决问题阶段（教师示范制作过程），这样能更好地调动学生自主学习的积极性。最终通过课题作业的制作完成，让学生巩固学到的知识点。

教学要求：先系统学习项目 5 涉及的相关知识点，学习制定项目制作流程，在制作构成中要注意对标准制图的理解，特别是如何利用网格进行制作标志是此项目的学习重点。

作业评价：1. 标志制作完整、细节处理得当。

　　　　　2. 制作文件思路明确，路径处理符合项目要求。

2. 相关知识点

1）标志的形式

（1）文字类标志

A. 汉字标志

a. 汉字单体，一般是将对象名称中最具代表性的单个汉字进行展开设计，所有的汉字都可以做标志创意设计，形态简洁、笔画简单、结构单纯的汉字比较适合汉字单体标志设计。

b. 汉字组合，是以对象汉字全称或简称为元素创作标志，一般是两个或两个以上的汉字组合而成。标志的字体一般都是量身定作的新形象，以形成耳目一新的视觉效果。这类标志主题明确，个性鲜明。

B. 字母标志分为

a. 字母单体，是以对象名称中的首写字母或对象名称中的两个主要字母为设计元素。设计时，必须紧扣主题意义，采用有效手法，创造出与众不同的新视觉感受。

b. 字母组合，很多企业机构会以英文全称或英文简称为元素创作标志。整套笔画的统一个性变化，是制造独特文字标志的关键。

c. 数字标志，是用能体现客户概念的特殊数字作为标志的设计元素，如某某学校举行建校 60 周年庆典时所用的标志，当数字表现在项目中非常必要、是最关键信息之一时，一般都会采用数字作为标志创作的切入点。当然，也有利用数字表现相关意义的，如企业本身就是以数字为名的也可以采用这种创作方式。数字的表现形式主要有：阿拉伯数字、罗马数字、中文大写数字，手势、刻度等形式。数字标志还可以是结合图形、汉字、字母等来进行设计。

（2）图形类标志

A. 抽象表达，用简化、抽象的视觉形象表现标志的概念与理念。

B. 具象表达，用具体、明确的图形元素为创作基础来表现，如书店直接用书、轮胎公司直接用轮胎、设计学院用铅笔等元素做图形设计。

C. 综合类标志，标志设计除了上面两种形式以外，还有文字和图形相互混合表现的综合类标志，这样更容易避免单调，使标志的形式丰富、意念清晰。

在标志设计中，文字标志、图形标志和综合标志之

图 2-227　派服装品牌 Logo/ 陈幼坚

图 2-228　新东方品牌 Logo/ 东道设计

图 2-229　Gmajor Limited Logo/ 陈幼坚

图 2-230　联邦快递 Logo/Lindon Leader

图 2-233　新贝德福德捕鲸博物馆 / Malcolm Grear

图 2-231　数字标志 /Modovisual

图 2-234　西部航空 Logo/ 佚名

图 2-232　波兰哥白尼机场标志 / Krzysztof Pilch

间并没有明显的界限，除了少量纯粹的文字标志和完全的图形标志，大多数图形标志都是图文混合的表现形式。

2）标志设计的基本原则

（1）以简为美，平面设计师 David Airey 曾经说过："最简单的方案往往是最有效的，这是因为一个最简单的 LOGO 通常能够符合图标设计的大部分其他要求。"标志所要出现的媒介是很多样的，如网站、纸张、服装、建筑物等。不同的媒介都要求标志必须清晰、准确，一款简单的标志就可以很好地满足这个需求。另外，简单的标志更容易识别、记忆，更容易达到经久不衰的目的。

（2）与客户相关，也就是说标志设计必须和客户的行业及受众群有关。并不是所有的轮胎公司就一定要用轮胎来表现，这需要设计师深入了解客户的需求、行业、竞争对手、受众群等，才能设计出既符合客户需求又使客户与其他竞争对手区分开来。

（3）追求形状独特，独特的标志必然是与众不同、辨识度高的标志。标志的外形轮廓是十分重要的，它能让人过目不忘，因为外形独特的标志一般都十分简单、容易描述。

（4）方便记忆，一优秀的标志能够让人过目不忘。简洁、独特的造型与色彩，能够让人再次看见时立刻回忆起来。例如麦当劳的大 M，造型简单独特，色彩单一，容易识别。

（5）要找准一个表现点，不要在一个标志设计里意图表现太多，就抓住一个点来表现，让其突出明确。但这个点必须与客户需求相符。

（6）要勇于、善于打破规则，所有的规则都是前人总结的经验，但要想设计出脱颖而出而又能经久不衰的标志，必须在遵循认知原则的前提下，善于巧妙地突破规则，这样才能与众不同。

3. 实践程序

1）项目分析

在进行项目制作前，我们先一起来分析一下，此项目主要应用 Illustrator 的哪些功能。此项目是以制作完成一个标志为内容，了解 Illustrator 的标准制图功能，并在过程中掌握 Illustrator 制作标志的基本制作流程。项目涉及路径查找器及网格的运用，项目的内容并不复杂，要求绘制完成的图形也很简单，重点是在制作的过程中体会用 Illustrator 制作标志的思路。

2）项目制作思路

（1）明确项目要求，注意制作成稿的时间要求。将简单的几何形状结合在一起，并填充颜色，绘制造型完整、细节处理得当的标志。

（2）建立文件，此步骤中要注意文件名称的命名方式，采用"项目名

图 2-235　2014 年世界乒乓球团体锦标赛 Logo［日］/ 佚名

图 2-236　香格里拉酒店集团标志 / William Lee

图 2-237　东京天空树的标志 / 永井裕明

图 2-238　当当的标志 / 东道集团

图 2-239　日本多摩美术大学标志 / 五十岚威畅

+ 时间 + 文件类型"的方式来命名，在学习的过程中养成良好的制作习惯，这样有利于日后查找。

（3）设置网格，在此步骤利用矩形网格完成制图纸的搭建工作。

（4）制作图形，在此步骤利用【路径查找器】中"形状模式"将基本几何形组合，注意标志图形造型的精准、细节的完整。

（5）制作文字，可根据图形的风格选择适当的文字字体。

（6）存储输出文件，此步骤中注意要保存好 AI 原文件，以备更改使用。注意文件的命名方式，以备以后查找及更改。

3）制作过程

第一步　建立文件

STEP 01 建立文件，打开 Illustrator 单击菜单栏选择【文件→新建】或按快捷键【Ctrl】+【N】，在弹出的【新建文档】对话框中，设置信息如下（如图 2-241）：

- 名称： "集天食标志 2014 / 06 / 24 原文件"
- 配置文件：[自定]
- 画板数量：1
- 大小：[自定]
- 宽度：150mm
- 高度：150mm
- 单位：毫米
- 取向：纵向
- 出血： 上方 0mm　下方 0mm　左方 0mm　右方 0mm
- 颜色模式：CMYK
- 栅格效果：高（300ppi）
- 预览模式：默认值
- 单击确定

第二步　设置网格

STEP 02 建立网格

单击菜单栏选择【窗口→图层】或按快捷键【F7】，在图层面板上选择"图层 1"（如图 2-242），单击工具箱选择【矩形网格工具】或按快捷键【\】，在弹出的【矩形网格工具选项】对话框中，设置信息如下（如图 2-243）：

图 2-240　 "集天食"标志

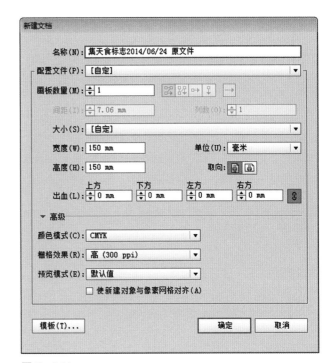

图 2-241

图 2-242

- 宽度：150mm
- 高度：150mm
- 水平分隔线 数量：60
- 倾斜：0%
- 垂直分隔线 数量：60
- 倾斜：0%
- 使用外部矩形作为框架
- 单击确定

STEP 03 填充描边

单击工具箱选择【选择工具】或按快捷键【V】，选择矩形网格，单击工具箱选择"描边" 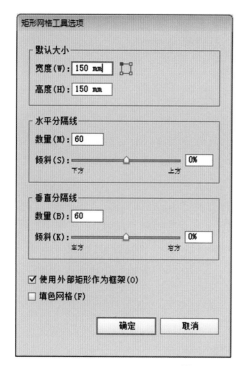 或按快捷键【X】，单击菜单栏选择【窗口→色板】，在弹出的【色板】面板底部单击"新建色板"按钮 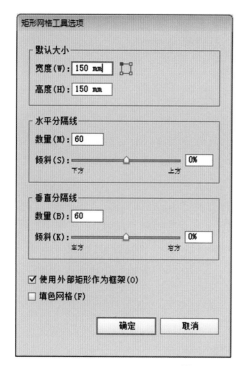（如图2-244），设置【新建色板】信息如下（如图2-245）：

- 色板名称：C=0 M=0 Y=0 K=20
- 颜色类型：印刷色
- 颜色模式：CMYK
- 单击确定

图2-243

STEP 04 锁定网格

单击"图层1"在图层面板中单击切换锁定 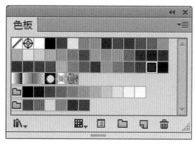 按钮，使矩形网格不可编辑，处于锁定状态（如图2-246）。

第三步 制作图形

STEP 05 创建新图层、置入手绘稿

单击菜单栏选择【窗口→图层】或按快捷键【F7】，打开图层面板。在图层面板底部单击"创建新图层"按钮 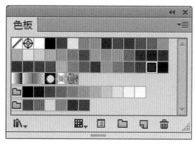，新建"图层2"（如图2-247），单击菜单栏，选择【文件→置入】，在弹出的【置入】对话框中，用鼠标左键单击"集天食标志手绘原稿"，单击置入（如图2-248）。

图2-244

图2-245

图2-246

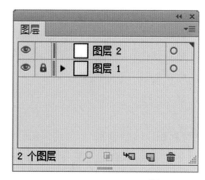

图2-247

图 2-248

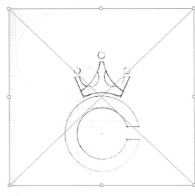

图 2-249

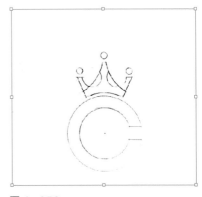

图 2-250

STEP 06 调整图片

单击【选择工具】或按快捷键【V】，单击画面中图片，出现变换框（如图 2-249）。把鼠标放到变换框四角某个节点上，可按住【Alt】+【Shift】键（保证等比例缩放）的同时，再按住鼠标左键进行拖拽，调整图片的大小，单击工具栏上的【嵌入】按钮（如图 2-250）。在"图层 2"面板中单击切换锁定🔒按钮，使此层不可编辑。

STEP 07 绘制圆形

单击工具箱【椭圆工具】或按快捷键【L】，用鼠标左键单击画面，在弹出的【椭圆】对话框中，设置信息如下（如图 2-251）：

- 宽度：38mm
- 高度：38mm
- 单击确定

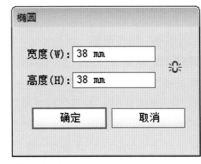

图 2-251

STEP 08 填充颜色

用鼠标左键单击画板中的圆形边框，在工具栏中选择"填色"🔳，在【色板面板】中，单击新建色板按钮🔲，在弹出的新建色板对话框中，设置信息如下（如图 2-252）：

- 色板名称：C 15% M 100% Y 90% K 10%
- 颜色类型：印刷色
- 颜色模式：CMYK
- 单击确定

STEP 09 绘制圆形

单击工具箱【椭圆工具】或按快捷键【L】，用鼠标左键单击画面，在弹出的【椭圆】对话框中，设置信息如下（如图 2-253）：

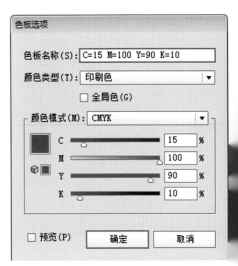

图 2-252

- 宽度：23mm
- 高度：23mm
- 单击确定

STEP 10 对齐两个图形

按住【Shift】键，在画板中用鼠标分别点选两个圆形。按快捷键【Shift】+【F7】，打开【对齐面板】，在【对齐面板】中分别点击：水平居中对齐和垂直剧中对齐（如图2-254）。

图 2-253

图 2-254

STEP 11 剪切图形

按住键盘上的【Shift】键，用鼠标左键分别选中两个圆形，使其都处于被选状态（如图2-255），单击菜单栏选择【窗口→路径查找器】或按快捷键【Shift】+【Ctrl】+【F9】（如图2-256），弹出【路径查找器面板】，找到【形状模式】选项，并单击"减去顶层"按钮，将红色实心圆形剪切为空心圆环（如图2-257）。

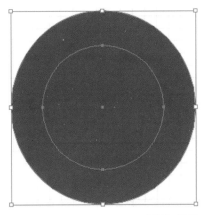

图 2-255

图 2-256

STEP 12 剪切环形

单击工具箱选择【矩形工具】或按快捷键【M】，用鼠标左键单击画面，在弹出的【矩形】对话框中，设置信息如图2-258。单击【选择工具】或按快捷键【V】，在画板中选择矩形移动至环形右侧，按住键盘上的【Shift】键选择环形，使矩形和环形其都处于被选状态（如图2-259）。单击菜单栏，选择【窗口—对齐】或按快捷键【Shift】+【F7】，在弹出的【对齐面板】中，点击 垂直居中对齐按钮，在路径查找器面板上，找到【形状模式】选项，并单击"减去顶层"按钮。

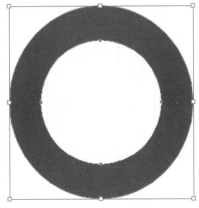

图 2-257

图 2-258

STEP 13 绘制皇冠

此步参考STEP12利用矩形和圆形工具剪切出皇冠的一半。在画

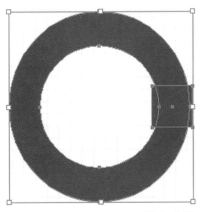

图 2-259

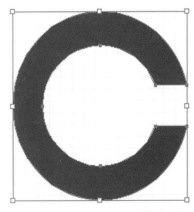

图 2-260

图 2-261

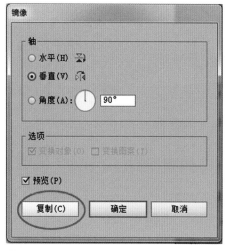

图 2-262

好的一半黄冠上单击鼠标右键，在下拉菜单中选择【变换—对称】（如图 2-261），在弹出的对话框中点选【垂直】并按复制键（如图 2-262），一半黄冠被镜像复制出来移动复制的皇冠至合适位置，注意利用网格线精确裁剪（如图 2-263）。

（第四步） 制作文字

STEP 14 输入英文

单击工具箱中的"文字工具" **T**，或【T】，在画板上单击鼠标左键，输入文字"Collect All Food"，在工具栏中设置字体为"Impact"（如图 2-264）。

STEP 15 创建文字轮廓

用鼠标点选画板中的文字，单击鼠标右键选择"创建轮廓"使文字变为图形（如图 2-265）。

图 2-263

图 2-264

图 2-265

（第五步） 存储输出文件

STEP 16 存储文件，单击菜单栏选择【文件→存储为】或按快捷键【Shift】+【Ctrl】+【S】，在弹出的【存储为】对话框中，设置信息如下（如图 2-266）：

• 保存在：通过黑色三角打开下拉菜单选择所要存储的盘符与文件夹

• 文件名：集天食标志 2014 / 06 / 24 原文件

• 格式：*.AI

• 单击保存

STEP 17 输出文件，单击菜单栏选择【文件→存储为】或按快捷键【Shift】+【Ctrl】+【S】，在弹出的【存储为】对话框中，设置信息如下（如图 2-267）：

• 保存在：通过黑色三角打开下拉菜单选择所要存储的盘符与文件夹

• 文件名：集天食标志 2014 / 06 / 24 输出文件

• 格式：*.EPS

• 单击保存

图 2-266   图 2-267

4）相关参考资料

参考书目

• David Airey. 超越 LOGO 设计. 北京：人民邮电出版社，1970

参考网站

• www.baidu.com

第六节　项目6　吉祥物

此项目是为"长春国际雕塑公园——酷长春"活动设计吉祥物"Acool"（酷儿），通过吉祥物的制作练习，帮助学生扎实地掌握钢笔工具、形状工具的使用，能熟练利用 Illustrator 绘制图形，学习使用填色工具为图形填充颜色。吉祥物设计是融合了标志及卡通造型设计的一项平面设计任务，对于平面设计师的要求比较高。希望通过此项目的练习能让学生彻底掌握 Illustrator 的核心功能——贝塞尔线。

1. 课程要求

1）训练要求

A. 熟练应用 Illustrator 钢笔工具与图形工具。

B. 掌握 Illustrator 填色工具的使用技巧。

C. 了解吉祥物设计的相关知识。

2）学习难点

A. 熟练使用 Illustrator 钢笔工具。

B. 对于填色工具效果的把握。

3）课程概况

课题名称：计算机辅助平面设计——吉祥物

课题内容：制作完成"长春国际雕塑公园——酷长春"活动的吉祥物形象设计，主要利用钢笔工具和形状工具完成吉祥物的绘制，并利用填色工具完成吉祥物的色彩填充，使作品具有生动的画面效果。

课题时间：8 课时 + 课余时间

训练目的：通过吉祥物"酷儿"的设计制作，帮助学生熟练掌握 Illustrator 的核心工具"钢笔工具"，深入了解 Illustrator 中图形绘制的流程与方法，学习使用填色工具为图形上色，并了解与此项目相关的设计常识。

教学方法：采用实践项目教学法，在图形的绘制上让学生自己独立完成，采用提问法，提出问题让学生自己拿出解决方案。训练学生的自学能力。集中问题统一教授，让学生印象深刻。

教学要求：要求学生在规定的时间内独立完成项目的制作过程，完全掌握路径的绘制与调整。学习使用渐变填色工具，制作出完整的吉祥物形象。

作业评价：1. 吉祥物形象完整、细节处理得当。

　　　　　2. 吉祥物制作思路清晰。

　　　　　3. 作品具有一定原创性，色彩搭配符合吉祥物设计要求。

二. 相关知识点

（一）吉祥物造型设计要点

（1）醒目的头型，头型是吉祥物头部最可塑的造型因素之一，头型的夸张处理会让吉祥物造型更具特色，而且人们的视觉习惯是从头到脚去观察事物，所以头部造型就显得尤为重要。

（2）个性的服装、道具，是指吉祥物的服饰或配饰等，在与所代言的企业、产品及活动相关联的同时，还能具有明显的特征，让人印象深刻。

（3）醒目的颜色，吉祥物的颜色一般不宜过于复杂，单一的色彩更容易形成视觉记忆，一般吉祥物的颜色与企业文化及活动内容相关联。

（4）标志性的姿势（或手势），吉祥物的经典姿势更容易代表企业（活动）的精神面貌（主旨），动态的姿势让吉祥物形象更生动可爱。

（5）特点鲜明的外轮廓和身体比例，是比较容易形成视觉反差的设计方式，鲜明的特征让人过目不忘。

（6）简单的外造型，利用简单的几何图形为吉祥物设计外造型，这种简化和概括的方法，塑造了一个个令人过目不忘的生动角色。但是基本形的使用也有局限，大部分基本形适用于夸张和变形幅度比较大的吉祥物造型，而在写实造型方面的视觉表现力相对就弱了一些。正是这些简单的基本形帮助读者迅速捕捉动漫造型的特点，加深对造型的记忆。

图 2-268　福娃 / 韩美林

图 2-269　2012 伦敦奥运会吉祥物 /

图 2-270　2013 年平昌特殊奥林匹克冬季运动会吉祥物 /

图 2-271　2014 巴西世界杯吉祥物——三色犰狳 /

图 2-272　日本 NHK 第 61 届红白歌会吉祥物 / 佚名

图 2-273　1976 年蒙特利尔奥运会吉祥物 Amik/ 佚名

2）吉祥物制作材质

一般活动吉祥物在设计通过后，为了宣传其形象，客户都会选择制作吉祥物的"公仔"，作为设计师要了解"公仔"的材质才能更好地为所设计的吉祥物选择适合的制作方式。"公仔"即卡通玩偶。这个词源自20世纪70年代的香港、澳门。公仔一般包括：软体公仔、硬体公仔、平面公仔。

（1）软体公仔，是内部填塞各种软性材料而制成的具有人与动物形象的公仔，也称软体填充公仔，英文名为 plush doll。按材料一般分为以下几种：毛绒类、弹布（莱卡布）类、羽绒类、摇粒绒类、纯棉类、皮质（皮革）类等。

A．毛绒类，它主要是由毛绒类纺织材料作为其表面材质，里面填充棉花或化纤海绵等填充物而成的公仔，是较常见的公仔类型。但其缺点就是容易掉毛、不好清洗、易变形。

B．弹布类，此类公仔最早源自日本和韩国，是以高弹性布料（如弹力锦纶布、涤纶布、莱卡布等）制作卡通造型的外表，内以食品级雪花粒填充缝合而成的填充公仔。其特点是形体可爱、色彩亮丽、材质干净并且没有绒毛，手感柔软舒适，拥抱感好。弹布类公仔最受大众的喜爱，给人的感觉就是舒服，想要爱护它，正如 Sheepet（舒宠）公仔品牌倡导的"质感舒服，尽情宠乐"。

C．羽绒类，是外表采用羽绒服面料及以羽绒棉、鸭绒为填充物的布制填充公仔，独具特色。它与软体类和毛绒类有所不同，其特色一：保暖性能好，在空调房或冬天，抱着羽绒公仔就像抱着一个暖袋，无论是垫着、靠着，让人觉得温暖，小孩、老人同样适用。特色二：柔滑的羽绒服面料及超柔软的羽绒棉和鸭绒使得羽绒公仔具有羽绒服特性，挤压松手后，羽绒公仔会慢慢膨胀恢复到原来的造型，无需过多的整理，富有趣味性。特色三：羽绒公仔其外形一般是双面体，一面为公仔表情，另一面为羽绒填充槽，所以更适合作为靠垫。

D．摇粒绒类，其表面为摇粒绒材质的面料，手感温柔、顺滑，内部填充材料多为羽绒棉、PP 棉或超细纤维棉。它是很好的睡眠伴侣，具有超舒服的拥抱感，因此也被称为睡眠拥抱体。

E．纯棉类，表面为 100% 的棉质面料，内部填充棉花、PP 棉或超细纤维棉等。由于布料的花色比较多且风格迥异，所以公仔所形成的风格较多，如田园风、异域风、民族风等。

F．皮质（皮革）类，是使用真皮或 PU 皮革材料作为公仔表面材质，内部填充物棉花或 PP 棉或超细纤维绵等。其特点是风格古典，感观较高档。但皮革的制作工艺较难，对制作者的要求比较高，所以市面上较少，真皮公仔一般都被作为一些高端国际品牌的赠品。

（2）硬体公仔，与软体公仔最大的区别就是没有内部填充物，外部材质是硬质材料。按材料一般分为陶瓷类、塑胶类、搪胶类。

A．陶瓷类，是使用泥料、上釉色及烧制成品的方法做成的硬体公仔。陶瓷材质在技术方法上别具一格，特别是上釉工序具有很强的艺术性，其特点是色彩浓厚斑斓，造型生动传神。

B．塑胶类，公仔材质的主要成分是塑胶。塑胶也叫塑料，塑胶在特定温度、压力下会变成富有可塑性和流动性的液体，可以利用模具把它塑成特定的形状，制作成在一定条件下保持形状不变的硬体非填充公仔。

C．搪胶类，搪胶是一种玩具材料，有点软，有很好的弹性，用来制作公仔时多采用空心，但是也有实心的，成本会比较高。搪胶类公仔的特点是设计夸张、抽象、不拘形式，讲求个性。

D．树脂类，主要是指以树脂材料做成的硬体非填充公仔，其设计夸张、抽象、形式多样，个性鲜明，多数为工艺陈列品，在欧美很流行。

（3）平面公仔，平面公仔没有 3D 立体的实体，这是与软体和硬体公仔最大的区别，主要是采用平面表现的形状公仔。主要分为纸质、胶质、金属质等实体和非实体类公仔。

A．纸、胶质类，就是我们常说的"不干胶"，是将各种图画、相片印刷在有背胶的纸上，是比较大众化的公仔产品，是青少年酷爱的一种时尚产品，其特点是使用范围广，可粘贴在各种不同的地方，对于吉祥物的造型没有要求。

B. 金属制类，是将吉祥物印刷在金属上，如金属徽章。其成本较低，适合大众消费与品牌推广。

3. 实践程序

1）项目分析

在进行项目制作前，我们先来分析此项目主要应用 Illustrator 的哪些功能。此项目主要是练习 Illustrator "钢笔" 工具在画面中绘制吉祥物 "酷儿"，充分锻炼了 Illustrator 中钢笔工具的使用技巧。钢笔工具与形状工具的配合使用是本项目的另一个重点，学习 Illustrator 的思维方式，最终达到自由地在 Illustrator 中绘制所需要的图形。

2）项目制作思路

（1）明确项目要求，此项目是制作完成吉祥物 "酷儿"，要求造型完整色彩填充合理。利用学习过的【钢笔工具】及【形状工具】完成吉祥物的造型。

（2）建立文件，此项目对于文件画板的大小没有要求，因为矢量文件可以随意放大缩小。

（3）设置网格，在此步骤中利用矩形网格，为设计师制作过程提供依据和标准。

（4）绘制图形，在此步骤中主要应用贝塞尔曲线，Illustrator 的 "钢笔" 工具充分利用了这个体系，通过运用 "锚点" 和 "方向点" 及 "曲线段" 实现吉祥物的绘制，贝塞尔曲线可绘制出各种线条与图形（"钢笔" 工具绘制的曲线段称为 "路径"）。Illustrator 的 "渐变" 工具，是吉祥物的主要填色工具。渐变骨骼的编排，可以从左到右、从上至下或从中央向四周展开，其方式灵活多样。

（5）存储输出文件，保存好 AI 原文件，以备更改使用。注意文件的命名方式，以备以后查找及更改。

3）制作过程

第一步 建立文件

STEP 01 建立文件，打开 Illustrator，单击菜单栏选择【文件→新建】或按快捷键【Ctrl】+【N】，在弹出的【新建文档】对话框中，设置信息如下（如图 2–275）：

- 名称："酷长春吉祥物 2015 / 02 / 27 原文件"
- 配置文件：[自定]
- 画板数量：1
- 大小：[自定]
- 宽度：280mm
- 高度：280mm
- 单位：毫米
- 取向：纵向
- 出血：上方 0mm 下方 0mm 左方 0mm 右方 0mm
- 颜色模式：CMYK
- 栅格效果：高（300ppi）
- 预览模式：默认值
- 单击确定

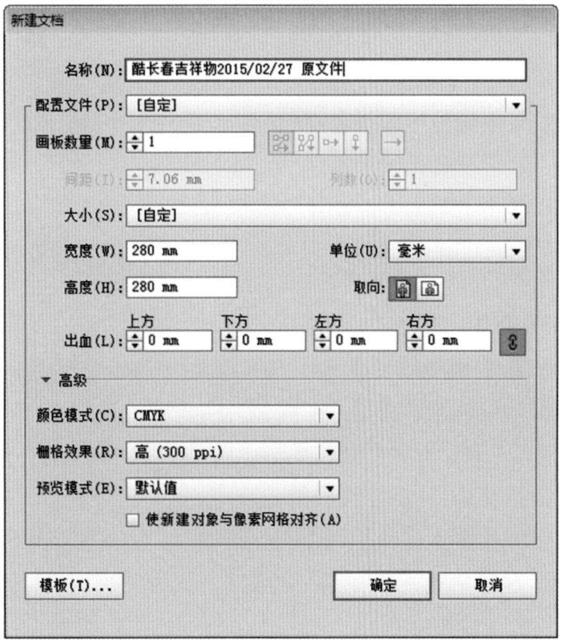

ACOOL

图 2–274　"酷长春" 吉祥物

图 2–275

第二步 设置网格

STEP 02 创建新图层、建立矩形网格，单击菜单栏选择【窗口→图层】或按快捷键【F7】，在图层面板中选择"图层 1"（如图2-276），单击工具箱选择【矩形网格工具】或按快捷键【\】，在弹出的【矩形网格工具选项】对话框中，设置信息如下（如图2-277）：

- 宽度：280mm
- 高度：280mm
- 水平分隔线 数量：80
- 倾斜：0%
- 垂直分隔线 数量：80
- 倾斜：0%
- 使用外部矩形作为框架
- 单击确定

STEP 03 填充描边

在画板中选择矩形网格，单击工具栏选择【描边】或按快捷键【X】，单击菜单栏选择【窗口→色板】，在弹出的【色板】面板底部单击"新建色板" 按钮（如图2-278），设置【新建色板】信息如下（如图2-279）：

- 色板名称：C=0 M=0 Y=0 K=20
- 颜色类型：印刷色
- 颜色模式：CMYK
- 单击确定

第三步 绘制吉祥物

STEP 04 绘制吉祥物的身体

在图层面板底部单击"创建新图层" 按钮，新建"图层 2"（如图2-280），单击工具箱【圆角矩形工具】或按快捷键【M】，在弹出的【圆角矩形】对话框中，设置信息如下（如图2-281）：

- 宽度：88mm
- 高度：160mm

图 2-276

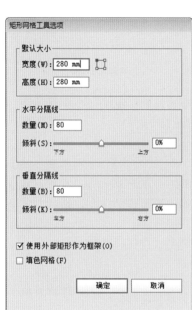

图 2-277

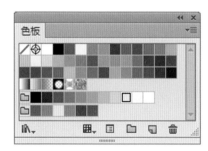

图 2-278

图 2-279

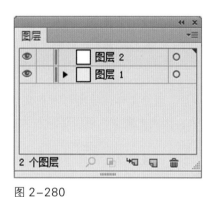

图 2-280

图 2-281

- 圆角半径：39mm
- 单击确定

STEP 05 为身体填充渐变颜色

单击工具箱中的【选择工具】或按快捷键【V】，选择绘制的路径填充颜色，单击菜单栏选择【窗口→渐变】，在弹出的【渐变】面板中，设置信息如下（如图2-282）：

- 类型：线性
- 角度：-90°

- 左渐变滑块：K0
- 不透明度：100%
- 位置：52.69%
- 右渐变滑块：K40
- 不透明度：100%
- 位置：100%

STEP 06 绘制吉祥物头部，建立闭合路径

单击工具箱选择【钢笔工具】或按快捷键【P】，单击鼠标左键在画面中设定"锚点"，调整"方向点"及"曲线段"来实现矢量图形的绘制（如图2-283）。"钢笔工具"每在画板上点击一次，便会创建一个锚点。

STEP 07 填充渐变颜色

单击工具箱中的【选择工具】或按快捷键【V】，选择绘制的路径填充颜色，单击菜单栏选择【窗口→渐变】，在弹出的【渐变】面板中，设置信息如下（如图2-284）：

- 类型：线性
- 角度：-90°
- 左渐变滑块：C100 M0 Y0 K0
- 不透明度：100%
- 位置：16.13%
- 右渐变滑块：C100 M0 Y0 K50
- 不透明度：100%
- 位置：100%

STEP 08 制作阴影

单击工具箱中的【选择工具】或按快捷键【V】，选择蓝色渐变图形，将图形复制【Ctrl】+【C】，粘贴【Ctrl】+【V】，单击菜单栏选择【窗口→色板】，在弹出的【色板】面板底部单击 ⬚【新建色板】按钮（如图2-286），设置【新建色板】信息如下（如图2-287）：

- 色板名称：C=0 M=0 Y=0 K=100
- 颜色类型：印刷色
- 颜色模式：CMYK
- 单击确定

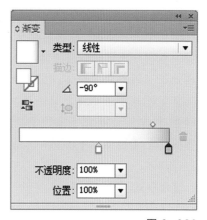

图 2-282

图 2-283

图 2-284

图 2-285

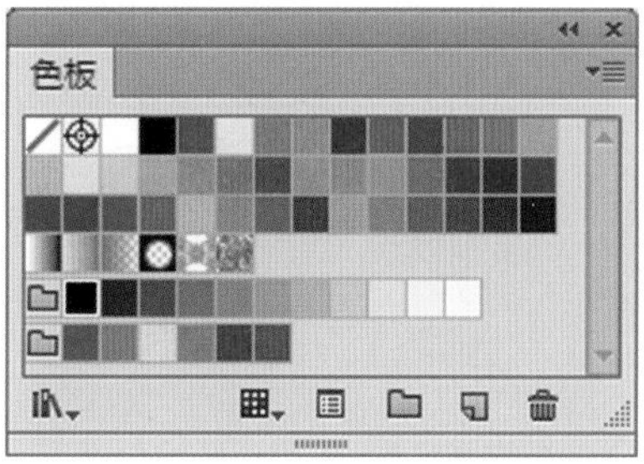

图 2-287

图 2-286

STEP 09 更改阴影透明度

在画板中选择阴影，单击右键在下拉菜单中选择【排列→后移→层】或按快捷键【Ctrl】+【[】，把阴影图形调至蓝色图形之下，并利用【移动工具】使之与蓝色图形上下错开。单击菜单栏选择【窗口→透明度】或按快捷键【Shift】+【Ctrl】+【F10】，在弹出的【透明度】面板中，设置信息如下（如图2-288）：

· 混合模式：正片叠底
· 不透明度：30%

STEP 10 绘制吉祥物的羽翼、填充渐变颜色

单击工具箱选择【钢笔工具】或按快捷键【P】，单击鼠标左键在画面中设定"锚点"，调整"方向点"及"曲线段"来实现矢量图形的绘制（如图2-290）；单击菜单栏选择【窗口→渐变】，在弹出的【渐变】面板中，设置信息如下（如图2-291）：（选择图形单击右键选择【排列→置于底层】或按快捷键【Shift】+【Ctrl】+【[】）（如图2-292）

· 类型：线性

· 角度：−180°
· 左渐变滑块：C0 M0 Y0 K0
· 不透明度：100%
· 位置：0%
· 右渐变滑块：C100 M0 Y0 K40
· 不透明度：100%
· 位置：100%

STEP 11 复制、变换图形

单击工具箱中的【选择工具】或按快捷键【V】，选择图形单击鼠标右键，选择【变换→对称】，在弹出的【镜像】对话框中，设置信息如下（如图2-293）：

· 轴：垂直
· 角度：90°
· 单击复制

STEP 12 移动图形

单击工具箱中的【选择工具】或按快捷键【V】，选择图形按住【Shift】键，按住鼠标左键水平移动图形至右侧（如图2-294）。（应用以上方法制作相

图2-288

图2-289

图2-290

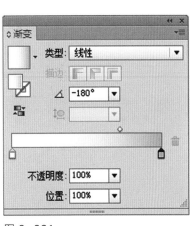

图2-291

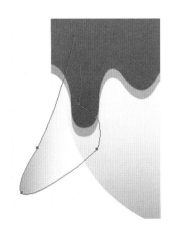

图2-292

图2-293

同图形）

STEP 13 建立圆形
单击工具箱中的【椭圆工具】或
按快捷键【L】，按鼠标左键单击
画面,在弹出的【椭圆】对话框中,
设置信息如下（如图2-295）:
- 宽度: 65mm
- 高度: 65mm
- 单击确定

图 2-294

图 2-295

STEP 14 建立圆形框架
单击工具箱中的【椭圆工具】或
按快捷键【L】，按鼠标左键单击
画面,在弹出的【椭圆】对话框中,
设置信息如下（如图2-296）:
- 宽度: 35mm
- 高度: 35mm
- 单击确定

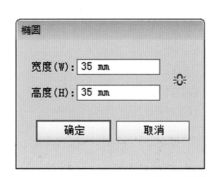

图 2-296

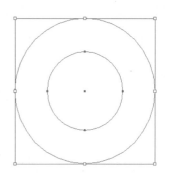

图 2-297

STEP 15 剪切图形
按住键盘上的【Shift】键,用鼠
标左键单击圆形边框,再单击下
面的圆形,使其都处于被选状态
（如图2-297）,单击菜单栏选
择【窗口→路径查找器】或按快
捷键【Shift】+【Ctrl】+【F9】（如
图2-298）,之后在弹出的路径
查找器面板上,找到【形状模式】
选项,并单击"减去顶层"按钮
，将实心圆形剪切为空心环形
（如图2-299）。

图 2-298

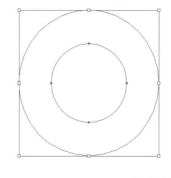

图 2-299

STEP 16 选择环形填充渐变色
单击菜单栏选择【窗口→渐变】
或按快捷键【G】,在弹出的【渐
变】对话框中,设置信息如下（如
图2-300）:
- 类型: 线性
- 角度: 0°
- 长宽比: 100%
- 左渐变滑块: C0 M40 Y100 K0
- 不透明度: 100%
- 位置: 22.58%

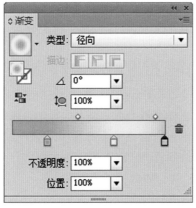

图 2-300

图 2-301

- 中渐变滑块：C0 M0 Y100 K0
- 不透明度：100%
- 位置：66.13%
- 右渐变滑块：C0 M20 Y100 K0
- 不透明度：100%
- 位置：100%

STEP 17 应用钢笔工具绘制贝塞尔曲线（又称"路径"）

单击工具箱选择【钢笔工具】或按快捷键【P】，单击鼠标左键在画面中设定"锚点"，调整"方向点"及"曲线段"来实现矢量图形的绘制（如图 2-302）。"钢笔工具"每在画板上点击一次，便会创建一个锚点。

STEP 18 剪切图形

按住键盘上的【Shift】键，用鼠标左键单击圆形边框，再单击下面的圆形，使其都处于被选状态（如图 2-303），单击菜单栏选择【窗口→路径查找器】或按快捷键【Shift】+【Ctrl】+【F9】，之后在弹出的路径查找器面板上，找到【形状模式】选项，并单击"减去顶层"按钮 ，将实心圆形剪切为空心环形（如图 2-304）。

STEP 19 制作阴影图形

单击工具箱中的【选择工具】或按快捷键【V】，选择黄色渐变图形，将图形复制【Ctrl】+【C】粘贴【Ctrl】+【V】，单击菜单栏选择【窗口→色板】，在弹出的【色板】面板底部单击"新建色板"按钮 （如图 2-305），设置【新建色板】信息如下（如图 2-306）：

- 色板名称：C=0 M=0 Y=0 K=100
- 颜色类型：印刷色
- 颜色模式：CMYK
- 单击确定

图 2-302

图 2-303

图 2-304

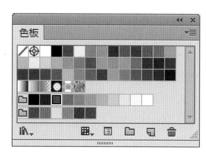

图 2-305

图 2-306

图 2-307

STEP 20 更改阴影图形透明度

单击菜单栏选择【窗口→透明度】或按快捷键【Shift】+【Ctrl】+【F10】，在弹出的【透明度】面板中，设置信息如下（如图 2-307）。选择图形单击右键选择【排列→后移一层】或按快捷键【Ctrl】+【[】，把阴影放到黄色环形下面。

- 混合模式：正片叠底
- 不透明度：30%
- 应用以上方法制作所有图形（如图 2-309）

图 2-308　　　　　　　　　　　　　图 2-309

第四步　制作文字

STEP 21 输入文字，单击工具箱中的"文字工具" T 或【T】，在画板上单击鼠标左键，输入文字"Acool"（如图 2-310）。

Acool

图 2-310

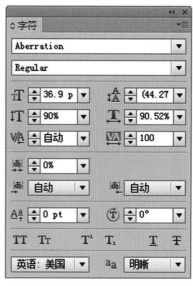

图 2-311

STEP 22 更改文字信息，单击菜单栏选择【窗口→文字→字符】或按快捷键【Ctrl】+【T】，单击字符面板中的"显示选项"按钮 ≣，更改字符信息（如图 2-311）：

- 设置字体系列：Aberration
- 设置字体样式：Regular
- 设置字体大小：36.9 pt
- 设置行距：自动（44.27 pt）
- 垂直缩放：90%
- 水平缩放：90.52%
- 设置两个字符间的字距微调：自动
- 设置所选字符的字距调整：100
- 比例间距：0%
- 插入空格（左）：自动
- 插入空格（右）：自动
- 设置基线偏移：0pt
- 字符旋转：0°
- 语言：英语：美国
- 设置消除锯齿方法：明晰

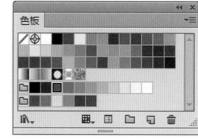

STEP 23 填充颜色，把鼠标移至工具箱中的【文字工具】或按快捷键【T】，在画面上双击文字并全选，在菜单栏中选择【窗口→色板】，在弹出的【色板】面板中选择需要的颜色（如图 2-312）。也可单击面板底部的"新建色板"按钮 ◻，自定义颜色。

图 2-312

STEP 24 存储文件，单击菜单栏选择【文件→存储为】或按快捷键【Shift】+【Ctrl】+【S】，在弹出的【存储为】对话框中，设置信息如下（如图 2-313）：

- 保存在：通过黑色三角打开下拉菜单选择所要存储的盘符与文件夹
- 文件名：酷长春吉祥物 2015 / 02 / 27 原文件
- 格式：*.AI
- 单击保存

STEP 25 输出文件，单击菜单栏选择【文件→存储为】或按快捷键【Shift】+【Ctrl】+【S】，在弹出的【存储为】对话框中，设置信息如下（如图 2-314）：

- 保存在：通过黑色三角打开下拉菜单选择所要存储的盘符与文件夹
- 文件名：酷长春吉祥物 2015 / 02 / 27 输出文件
- 格式：*.EPS
- 单击保存

4）相关参考资料

参考书目

- 矫强. 动漫造型设计基础. 北京: 中国建筑工业出版社, 2013

参考网站

- www.baidu.com

图 2-313

图 2-314

第二章 平面设计常用软件——实践篇

第七节　项目7　画册

画册是企业、组织、团队、个人以图文并茂的形式展现自己的一种方式。画册是一般平面设计公司都会涉及的设计项目。画册的制作比较复杂，需要注意和学习的知识点比较多，此项目比较适合有一定软件应用基础的学生。InDesign 是一款非常完美的排版软件，尤其适用于画册排版，此项目涉及几乎所有和 InDesign 画册排版相关的功能，是课程中最有难度的综合项目，需要学生利用大量的业余时间练习完成。InDesign 的界面和 Photoshop、Illustrator 都很近似，快捷方式也基本相同，操作起来并不陌生，而且 InDesign 辅助平面设计的内容主要是排版，相对于前两个软件而言，它的内容比较单一，所以本书只采用这样一个案例来学习 InDesign 的使用，在项目练习内容上节选了原成品画册的一部分内容进行讲解，基本涵盖了画册制作所涉及的问题。

1. 课程要求

1）训练要求

A. 掌握 InDesign 中文字、表格的编辑方式。

B. 了解 InDesign 主页、段落样式、字符样式、颜色面板的使用方法。

C. 学会输出符合印刷标准的画册文件。

2）学习难点

A. InDesign 中段落样式及字符样式的学习与灵活使用对于初学者比较困难，需要大量的练习和思考。

B. 对于画册印刷输出知识的掌握。

3）课程概况

课题名称：计算机辅助平面设计——画册

课题内容：制作完成一本公司宣传画册的内页，并输出符合印刷标准的制作文件。学习利用主页、段落样式、字符样式及色板的使用，学习在 InDesign 中置入表格，掌握文字和图片的基本处理功能。

课题时间：16 课时 + 课余时间

训练目的：掌握利用 InDesign 软件制作画册的基本技巧，了解画册制作的基本流程，学会按印刷标准输出稿件。

教学方法：采用实践项目教学法，此项目涉及的内容比较多，需要老师边讲边练习，一个知识点一小节，在项目的制作过程中发现问题、解决问题。

教学要求：首先学习项目涉及的相关知识点，再学习分析完成项目制定的基本流程，项目 7 的素材参见附件，最终排版效果可自由发挥。

作业评价：1. 作品画面完整、段落样式、主页、色板的设置符合项目要求。

2. 制作文件思路清晰。

3. 作品符合印刷成稿要求。

4. 文字编排合理，版式设计具有一定的视觉美感。

2．相关知识点

1）书籍（画册）内部结构

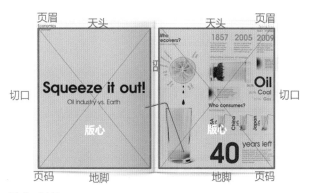

图2-315

版面，就是书籍的页面，包括图文和空白区域。

版心，是设计者设定的版面中图文的最大范围。

天头，版心框以上的空白。

地脚，版心框以下的空白。

切口，是与书脊相对，用于装订后裁切的书边，实际是指阅读时的翻阅边。

环衬，用于精装书籍，多采用特种纸，位于书籍封面与扉页之间可用于题签及装饰。

扉页，是书芯中印有书名和作者名及出版社的单张书页。

目录，是书籍内容的一个检索目录，标有书码。

版权页，是印有作者与出版社的著作权、出版权的书页，内容包括：图书 CIP 数据、书名、作者、出版社、责任编辑、出版人、制版单位、开本、印张、字数、版次、印次、印数、定价。

2）纸张

纸张，是印刷品的主要承载物，纸，是用植物纤维制成的薄片，纸以张来计算，所以称纸张，是纸的总称。以下为印刷最常采用的纸张类型。

（1）铜版纸
印刷品最常使用的纸张，铜版纸也称涂布印刷纸，是以原纸涂布白色涂料制成的高级印刷纸，表面光泽好，适合各种色彩效果。主要用于印刷书刊的封面和插图、时尚杂志、各种精美的商品广告、样本、商品包装、商标等。铜版纸的尺寸主要有正度787mm×1092mm 和大度 880mm×1230mm 两个尺寸。

（2）哑粉纸
印刷常用纸之一，表面无光泽，所以又称无光铜版纸，适合文字较多或空白较多的设计作品，视觉感受柔和。在日光下将哑粉纸与铜版纸相比，哑粉纸不太反光，用它印刷的图像，虽然没有铜版纸色彩鲜艳，但图像效果比铜版纸更细腻。

（3）单铜
属于卡纸类，纸张正面为铜版纸的质地，有光泽，适合表现色彩，背面则是没有光泽的胶版纸质地，适合专色或文字。适合印制包装盒、各种卡片。

（4）胶版纸
旧称"道林纸"，主要供平版（胶印）印刷机使用，适于印制单色或多色的书刊正文、插页、画报、地图等。纸张无光泽，适合印刷文字，单色图或专色图，不适合印刷彩色照片，因色彩和层次都跟铜版纸不一样，呈现出的色彩灰暗，无光泽。

（5）白板纸
纸张正面呈白色且光滑，背面多为灰底，这种纸板主要用于单面彩色印刷后制成包装纸盒，如药盒等。白板纸正度尺寸为 787mm×1092mm、大度纸尺寸为889mm×1194mm。白板纸由于纤维组织比较均匀，且表面涂有一定的涂料，并经过压光处理，纸板的质地比较紧密，厚薄均匀。其纸面一般情况下都较洁白、平滑、吸墨均匀，纸质较强韧而具有较好的耐折度，多用于纸盒、手袋等的制作。

（6）新闻纸
也叫白报纸，是报刊及书籍的主要用纸。适用于报纸、期刊、课本、连环画等正文印制。主要特点是纸质松轻、有弹性、吸墨性好，油墨能够较好地固着在纸面上，适合高速轮转机印刷。

（7）特种纸
是具有特殊用途的、产量比较小的纸张。特种纸的种类繁多，是各种特殊用途纸或艺术纸的统称，这个名称大约是 20 世纪 60 年代以后才逐步流行起来的，而现在纸商则将压纹纸等艺术纸张统称为特种纸，主要是为了简化品种繁多而造成的名词混乱。

（8）印刷类特种纸的分类

A．植物羊皮纸（硫酸纸），是把植物纤维加工的厚纸用硫酸处理后，使其改变原有性质的变性加工纸。硫酸纸呈半透明状，质地坚韧、紧密。在现代设计中，往往用做书籍的环衬或扉页，让书籍在整体设计效果上有很好的节奏感，又符合现代潮流。在硫酸纸上做上光工艺或印金、印银工艺及印刷图文都别具一格，一般多用于高档画册制作。

B．合成纸，是以合成树脂（如 PP、PE、PS 等）为主要原料，把树脂材料经过熔融、挤压、延伸制成薄膜，然后进行纸化处理，得到适合印刷的白度、不透明度，一般消费者看不出它与普通纸的区别。合成纸能够适应多种印刷机，有优良的印刷性能，在印刷时不会发生"断纸"现象；合成纸图像再现好，网点清晰，色调柔和，尺寸稳定，不易老化。

C．压纹纸，是采用机械压花的方法，在纸张的表面形成凹凸图案。压纹纸通过压花提高了装饰性，使纸张具有很好的质感。近年来压纹纸的应用越来越普遍，因此压纹加工已成为纸张加工的一种重要方法。国产压纹纸大部分是由胶版纸和白板纸压成的。表面比较粗糙，有质感，表现力强，品种繁多。许多美术设计者都比较喜欢使用这类纸张，用此制作图书或画册的封面、扉页等来彰显个性。

D．花纹纸，这类纸张是设计师最爱选用的高档纸张，优质的纸品手感柔软，外观华美，成品令人赏心悦目。花纹纸种类繁较，各具特色。设计师利用花纹纸的特点进行设计，使作品脱颖而出。花纹纸可以分为以下几种。

a．抄网纸，是让纸张产生纹理质感最传统和常用的方法。就是在造纸过程中，如把湿纸张放在两张吸水软绒布之间，那么绒布的线条纹理便会印在纸张上。利用这种方法制作的纸张，线条图案若隐若现、质感柔和。进口的抄网纸均含有棉质，如刚古条纹纸，质感更柔和自然，而且韧度十足，适宜包装印刷。

b．仿古纸，很多平面设计师都对优质、素色的仿古

纸情有独钟，喜欢这类纸温暖丰润的感觉。用仿古纸设计出的产品古朴、美观、高雅。

c．掺杂纸，此类纸张为再造纸，是在纸浆中加入杂物如矿石、飘雪、花瓣等，追求天然再造的效果，适应环保时代的设计用纸需求。当下市场上有多种掺杂纸，掺杂的方式也越来越多样，有的在施胶过程中添加染料，纸张形成斑点效果，还有的营造羊皮纸效果的掺杂纸。由于具备特殊效果的纸张外观，能使版面活跃起来，吸引眼球，因此这类纸张深受设计师的喜爱。

d．非涂布花纹纸，印刷商和设计师都推崇美观、手感良好的非涂布花纹纸，这种纸的两面均经过特别处理，使印刷品的质感效果更好。而金属珠光饰面系列纸，视觉效果可随着人眼观看视角的不同而发生变化，印刷后的效果更佳。

e．刚古纸，始创于公元 1888 年的"刚古"品牌特种纸，至今已成为高品质印刷用纸的标志和代号。刚古纸分为贵族、滑面、纹路、概念、数码等几大类。

f．"凝采"珠光花纹纸，由于观看角度的变化，纸张可以产生不同的色彩变化，具有"闪银"的效果，在印刷具有金属特质的图案时效果最佳。纸面平顺亮滑，适合各类印刷工艺及加工手段，如四色胶印、轧切、烫印等，是高档图书封面和精装书壳的常用纸。

g．"星采"金属花纹纸，是一种全新概念的艺术纸。它拥有正反双面的金属色调，纸面爽滑，适用于各类印刷技术及特殊工艺，尤其是烫印工艺的表现。金属"星采"可制作各种高档印刷品，如年报、书籍封面及各种包装盒。

h．金纸，用 24K 黄金为材料，运用纳米高科技研制的金纸，既能使彩色图像直接印刷于黄金之上，又能保留黄金的性能，纸张具有抗氧化、抗变色、防蛀、防潮的特性，避免了传统纸张书籍易霉变和虫蛀的缺点。多用于高档包装和书籍印刷。

纸张的厚度，是用克重来衡量的，常用纸张厚度定量为：50g、60g、70g、80g、100g、115g、128g、200g、250g，就是指纸张每平米的重量，每平米克重值越大的纸自然越厚。日常用的复印纸为 60g，书本内页为 80g，打印纸则为 100g，宣传单常用 128g

的纸，纸袋则多用 250g 的纸张。对纸张厚度的熟练掌握，需要设计师经常触摸、比较不同类型、不同克重的纸张，以便在设计时能选择恰当的纸张克重。

3）画册印刷装订形式

（1）骑马订，是用铁丝订书机将书芯及封面装订起来，骑马钉起到固定作用。这种装订方式只适合书页较薄的画册使用，不宜过厚，以免造成"挤边"现象。这种装订方式简便、快捷，多应用于宣传册、资料册等。

（2）无线胶订，是用热熔胶将书页粘合在一起的装订方法。无线胶订是简装形式，主要用于杂志、期刊等快销品，是比较经济的装订形式。

（3）锁线胶订，是将书页用线串起来，之后在书芯的书脊位置涂上热熔胶，与书封粘贴牢固。这种装订方式比较适合书页较多的书籍，成品后书籍的平整效果很好，装订牢固、翻阅方便。

（4）活页装，是将印好的书籍内页裁切并撞齐，在靠近书脊的位置打一排孔后用铁环装订的形式。这种方式属于散页装订形式，主要用于日记本或 VI 手册等，使用方便且灵活。

4）版面元素的视觉流程

（1）单向视觉流程，是版式设计中最常见的一种，简洁明了直述主题，在视觉传达上有直观的表现力。单项视觉流程主要分为：横向视觉流程、竖向视觉流程和斜向视觉流程三种。

A. 横向视觉流程，又称水平视觉流程，将版面中与主题相关的视觉要素以水平的走向进行排列，从而使画面形成横向的视觉流程，给人平稳、稳定的视觉感受。

图 2-317 海报设计 / 陈永利

图 2-316 东北亚国际动漫节宣传手册设计 / 刘绍勇、史爽

B. 竖向视觉流程，又称垂直视觉流程，在定义与表现方式上与横向视觉相反，是指把画面中的元素以垂直的方向进行排列，给人以下坠或上升的视觉感觉。

C. 斜向视觉流程，是将版面中与主题相关的视觉要素以一定角度的倾斜进行排列，从而使画面形成斜向的视觉流程，给人不稳定和运动的视觉感受。

图 2-318 海报设计 陈永利

（2）曲线视觉流程，是将版面中与主题相关的视觉要素以曲线的方式进行排列，从而使画面形成一定曲线的视觉流程，给人优美、富于韵律的视觉感受，营造轻松随意的阅读感受。曲线视觉流程主要可以分为以下三种：弧线形视觉流程、S形视觉流程、圆形视觉流程。

A. 弧线形视觉流程，是版面中的主要视觉元素以一条或几条弧线为走向进行排列的视觉流程，给人以速度、舒畅、可延续的视觉感受。

B. S形视觉流程，是版面中的主要视觉元素以S形曲线为走向进行排列形成的视觉流程，S形是最优美的视觉形式，以这种方式排列的版面往往给人优美、舒适、轻松的视觉感受。

C. 圆形视觉流程，圆形是版面中的主要视觉元素，按圆形的方式进行排列，画面给人饱满的视觉感受。

（3）导向视觉流程，是利用有引领功能的元素引导读者的视线向一定方向运动，由主及次地把版面各个元素串联起来的视觉流程。主要有向心形、发射形、十字形三种视觉流程方式。向心形，就是版面中的主要视觉元素按照由外向版面的中心引导视线的排版方式；发射形，是版面中的主要视觉元素按照由一点向外发射的方式引导视线流程的方式；十字形，是版面中的主要视觉元素按照十字交叉的方式排列引导视线流程。

图 2-319　《天涯》封面设计 / 王序

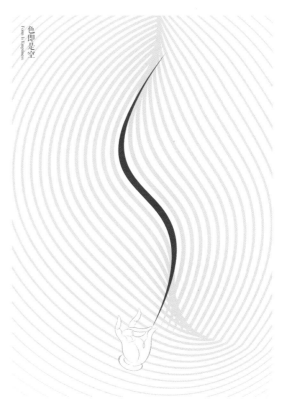

图 2-320　海报设计 / 张继斌

图 2-321　海报设计 / 易幸幸

图 2-322　FILA 平面广告［日本］/ 佚名

图 2-323 台湾观光百大景点绘图 / 陈信宇

图 2-324 海报设计 / [荷兰] Martijn

（4）散点视觉流程，是版面中的图片及文字自由分散地排列，视觉效果自由、感性，充满个性特征。

5）文字的基本编排形式

（1）左右对齐，就是行尾和行首都对齐的形式，最适合大量文字的编排使用。

图 2-325 Czechoslovak 画册 /Multiple Ownerss

（2）左边对齐，是文字行首排列整齐而行尾参差不齐的编排形式。行尾的参差产生节奏的变化，使编排形式比左右对齐的形式更有变化，但不适合大段文字的应用，一般都应用于标题和少量的文字编排。

（3）右边对齐，是文字的行首排列参差不齐，而行尾整齐的形式。这种排文方式只适合少量的文字和特殊版面的设计需求，因为人们习惯的阅读方式是从左至右，左边的参差不齐不利于阅读。

图 2-326 Livwrk 企业 VI/Parabolic Playgrounds

（4）中央对齐，是文字都以一个中心轴线为基准的对齐形式。这种编排形式给人以高雅的视觉感受，多用于少量文字的编排，例如诗歌等。

（5）中式文字编排，是中国古代书籍文字的编排形式，是从右至左、从上至下的排列文字，且文字对齐，这种方式具有强烈的民族特色，适合具有中国传统文化特质的作品内容的编排。

（6）自由编排，这种形式编排的文字在画面中没有明确的对齐方式，形式自由活泼，但对设计师版面掌控能力的要求比较高。自由编排形式经常被使用在比较具有现代感的设计作品中。

6）文字与图形的基本编排形式

（1）图文并置，是指画面中文字与图形是并列或叠加的，这种形式决定了文字和图形有着非常密切的关系，它们既有相互补充的作用，也有相互延续的作用，观者在看图形的同时也在看文字。

图 2-327　Koktebel 爵士音乐节海报设计 /
［乌克兰］佚名

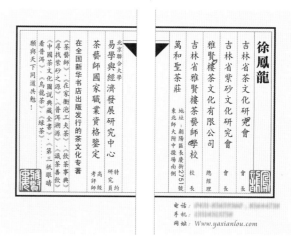

图 2-328　名片设计 / 徐凤龙

图 2-329　书籍设计 / 王志弘

图 2-330　Posters 2015/Quim Marin

（2）文字服从图形，是指画面中以图形作为视觉的中心，文字围绕着图形进行排列，文字的位置要以图形的走向为依据。

（3）图文融合，在画面中图形和文字已经融为一体，文字即图形，图形也是文字，文字已经成为了图形的一部分，这种编排形式多出现于海报设计中。

（4）文字编排的基本原则

A. 准确性，文字信息能以准确的方式传达给观者，主次分明，重点要突出，这是文字编排最基本的原则，也是文字编排最基本的功能。

B. 识别性，文字的编排方式无论如何多样都要保证文字的基本识别功能，易于识别、方便阅读是文字编排的主要功能之一，文字形式的变化要建立在可识别的基础上。

C. 易读性，在画面中文字的编排要适合人们阅读的基本需要与习惯，过于蹩脚的编排设计会让观者无心欣赏，阻碍信息的传达。

D. 艺术性，文字编排的形式要与内容相符，并具有视觉美感，画面中的文字编排要讲究韵律节奏的变化、对比，多欣赏优秀的设计作品并从中体会形式与内容的完美结合。

7）图片的编排形式

（1）出血图，即图片充满画面延伸到出血线以外，给人广阔的视野、自由、舒展的感觉。运用出血图构图具有很强的艺术感染力，更容易使读者产生身临其境的感觉。

（2）退底图，简单说就是去掉照片中的背景，只留下事物的主体形象的一种办法。在版面中这种方式能让画面更灵活，留出的空白空间更多，使版面生动、有情趣。

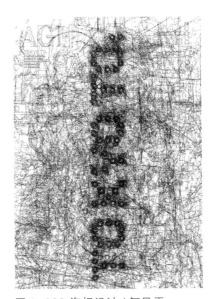

图 2-331　海报作品 /[法] Michal Batory

图 2-333　Posters 2015/Quim Marin

图 2-334　海报设计 / 李永铨

图 2-332 海报设计 / 何见平

图 2-335　海报设计 / 岗特·兰堡

（3）合成图，可以使用摄影的技术和 Photoshop 软件，来实现蒙太奇式的艺术效果，这种画面的真实感，具有强烈的视觉冲击力让观者很容易感受到设计者的创作意图，并产生共鸣。

（4）拼贴图，是通过裁剪、打散的方式在版面中构成图片，呈现出独特的艺术效果。

8）版式设计的基本原则

（1）单一性，版式设计的形式美感并不是最终目的，更好地传播信息才是版式设计要解决的问题。设计师在设计版式的过程中要注意内容与形式的统一，版面离不开内容，更要体现内容的主题思想，好的版式是有助于读者理解内容的。形式的统一更容易突出主题，主题鲜明、一目了然才是最终目的。

（2）艺术性，版式设计中的装饰元素是由文字、图形、色彩等通过点、线、面的组合运用而达到的，运用夸张、比喻、象征的手法体现视觉美感，版本设计的最佳效果就是画面中的装饰手法既美化了版面，又提高了信息传达的有效性。

（3）独创性，独创性是突出个性化的原则，版面设计要在符合内容的基础上表现出鲜明的个性，这也是版式设计的灵魂，这就需要设计者敢于思考，别出心裁，独树一帜。

（4）整体性，版面设计要注意内容与形式的统一，更要注意版面变化的整体性、局部与整体之间变化统一的关系。强调版面各种编排元素在版面中相互之间的关联性，可使版面更具有秩序感、条理感，从而获得更好的视觉效果。

3. 实践程序

1）项目分析

在进行项目制作前，我们先一起来分析此项目主要应用了 InDesign 哪些功能。此项目是制作完成一本画册的内页，同时，要求画册符合印刷标准，画册的制作过程中包括了文字、图形、表格等基本画册要素的处理。对文字层级关系的把握、主页及段落样式的掌握是此项目的重点。

2）项目制作思路

（1）明确项目要求。本项目最终要达到的效果是利

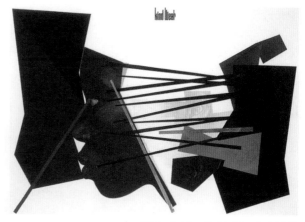

图 2-336　海报 /[日] 斋诚藤

用图文结合的巧妙编排形式，使宣传内容传达的信息更为突出，制作一本完整的画册内页，文字的编排要合理，制作文件要符合印刷要求。

（2）收集整理项目所需素材。此步骤把客户提供的素材和创意稿中所用到的材料收集到同一个文件夹中。本书中涉及的项目素材见附件。

（3）建立文件，确定成品尺寸。建立制作文件尺寸（四边各 3mm 出血）；选择边距和分栏（可在排版书籍文件时控制页面内容，设定的版面中图文的最大范围）。此过程中要注意文件名称的命名方式，一般公司是采用"项目名 + 时间 + 文件类型"的方式来命名。

（4）建立页面。InDesign 页面分为主页和页面，主页编排的内容在页面中不可更改，常用为设计书眉和页码等一些比较固定、变换少的内容。页面编排的内容在版心内可随意调整。

（5）制作扉页。扉页是书芯中印有书名和作者名及出版社的单张书页，与其他页面的编排设计有所不同。

（6）制作主页。在此步骤中设计主页面固定不变的图形元素及文字形式，更改形式或颜色时，可新建主页面，一本画册可以根据需求设计多个主页。

（7）制作页面。在此步骤中进行页面内图形及文字元素的编排。书籍排版在 InDesign 中主要应用【段落样式】及【字符样式】控制批量文字的字体、字号、颜色等，更改文字信息时在【段落样式】及【字符样式】

中修改便可全书替换，既节省时间又准确无误。

（8）制作表格。在此步骤中利用【表】工具，可将书籍中规律性较强的文字，准确、清晰地编排在表格中。

（9）存储输出文件。此步骤中要按印刷要求输出成品文件（输出文件格式一般为 PDF），并保存好 ID 原文件，以备更改使用。注意文件的命名方式，以便日后查找及更改文件。

3）制作过程

图 2-337 "鑫文传媒"画册

第一步 建立文件

STEP 01 建立文件

打开 InDesign 单击菜单栏选择【文件→新建】或按
快捷键【Ctrl】+【N】，在弹出的【新建文档】对话
框中，设置信息如下（如图 2-338）：

- 用途：打印
- 页数：1
- 起始页码：1
- 对页
- 页面大小：自定
- 宽度：240 毫米
- 高度：240 毫米
- 页面方向：纵向
- 装订：从左到右
- 出血：上 3 毫米 下 3 毫米 内 3 毫米 外 3 毫米
- 单击边距和分栏

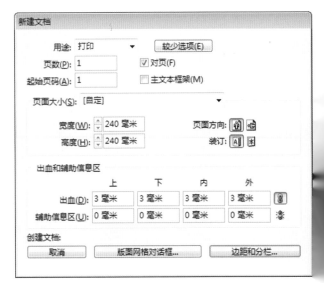

图 2-338

STEP 02 设置边距和分栏

在弹出的【新建边距和分栏】对话框中，设置信息如下（如图 2-339）：

- 边距：上 8 毫米 下 8 毫米 内 8 毫米 外 8 毫米
- 栏数：1
- 栏间距：5 毫米
- 排版方向：水平
- 单击确定

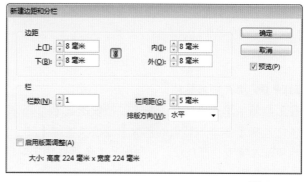

图 2-339

（第二步）　建立页面

STEP 03 添加页面

单击菜单栏选择【窗口→页面】或按快捷键【F12】，在弹出的【页面】面板中（如图 2-340），用鼠标右键单击面板，选择【插入页面】，在弹出的【插入页面】对话框中，设置信息如下（如图 2-341）：

- 页数：8
- 插入：页面后
- 主页：A- 主页
- 单击确定

注：页面面板中包括：主页和页面文件可设置 N 个主页或页面，主页内容只允许在主页编辑，在页面中不可编辑（如图 2-342）。

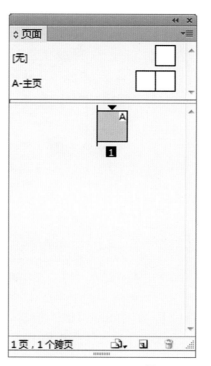

图 2-340

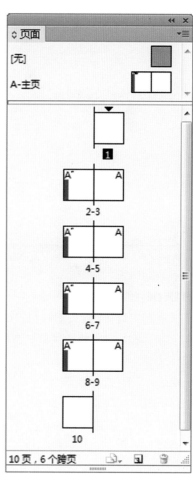

图 2-342

（第三步）　制作扉页

STEP 04 绘制矩形

绘制图形前选择工具箱中的【填色和描边】，单击 "应用无" 或按快捷键【Num】+【/】取消默认颜色，在工具箱中选择【矩形工具】或按快捷键【M】，按鼠标左键单击绘图窗口，在弹出的【矩形】对话框中，设置信息如下（如图 2-343）：

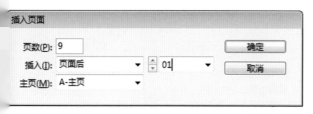

图 2-341

图 2-343

- 宽度：224 毫米
- 高度：224 毫米
- 单击确定

STEP 05 填充矩形颜色

在工具箱中单击【选择工具】或按快捷键【V，Esc】，选择矩形使其处于工作状态（如图 2-344），单击菜单栏选择【窗口→颜色→色板】或按快捷键【F5】，在弹出的【色板】面板中单击"新建色板" 🔲 按钮，应用鼠标左键双击颜色块，在弹出的【色板选项】对话框中，设置信息如下（如图 2-345）：

- 色板名称：C=0 M=100 Y=100 K=10
- 以颜色值命名
- 颜色类型：印刷色
- 颜色模式：CMYK
- 单击确定

图 2-344

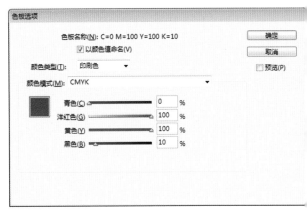

图 2-345

STEP 06 绘制直线

在工具箱中选择【直线工具】或按快捷键【\】，按住【Shift】键单击鼠标左键在画面中绘制直线（如图 2-346），松开鼠标和按键，单击菜单栏选择【窗口→描边】或按快捷键【F10】，在弹出的【描边】面板中，设置信息如下（如图 2-347）：

- 粗细：0.75 点 平头端点
- 斜接限制：4x 斜接连接
- 对齐描边：描边对齐中心
- 类型：实底
- 起点：无
- 终点：无
- 间隙颜色：无
- 间隙色调：100%

图 2-346

图 2-347

STEP 07 更改直线颜色

在工具箱中单击【选择工具】或按快捷键【V，Esc】，选择直线使其处于工作状态（如图 2-348），单击工具箱中的【描边】按钮或按快捷键【X】切换【填色和描边】，单击菜单栏选择【窗口→颜色→色板】或按快捷键【F5】，在弹出的【色板】面板中选择颜色（纸色）（如图 2-349）。

图 2-348

图 2-349

STEP 08 绘制图形

绘制图形前选择工具箱中的【填色和描边】🖿，单击"应用无"☑或按快捷键【Num】+【/】取消默认颜色，在工具箱中选择【钢笔工具】或按快捷键【P】，点击鼠标左键在画面建立锚点，按住【Shift】键添加锚点，建立直角三角形，在【色板】面板中选择颜色（如图 2-350）。

STEP 09 对齐图形

在工具箱中单击【选择工具】或按快捷键【V，Esc】，按住【Shift】键单击需要对齐的图形（如图 2-351），单击菜单栏选择【窗口→对象和版面→对齐】或按快捷键【Shift】+【F7】，在弹出的【对齐】面板中找到对齐对象，单击"左对齐"▐和"顶对齐"▔▔按钮（如图 2-352）。

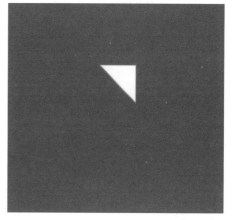

图 2-350

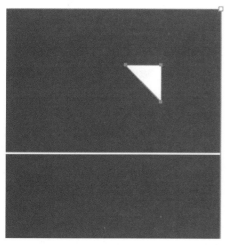

图 2-351

图 2-352

STEP 10 置入 LOGO 图片

单击菜单栏选择【文件→置入】或按快捷键【Ctrl】+
【D】，在弹出的【置入】对话框中，选择图片素材
单击打开（如图 2-353），用鼠标左键点击绘图窗
口置入图片，单击工具箱中的【选择工具】或按快捷
键【V，Esc】，点击图片拖移至适合的位置（如图
2-354）。

STEP 11 输入文字

在工具箱中选择【文字工具】或按快捷键【T】，单
击鼠标左键在画面中拖拽文字框（如图 2-355），
输入文字信息（如图 2-356）。

TEP 12 调整文字信息（字体、字号、颜色）

单击菜单栏选择【窗口→文字和表→字符】或按快捷
键【Ctrl】+【T】，在弹出的【字符】面板中，设置

图 2-353

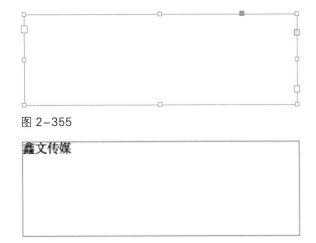

图 2-355

鑫文传媒

图 2-356

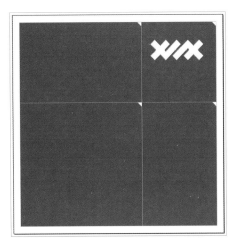

图 2-354

信息（如图 2-357），单击菜单
栏选择【窗口→颜色→色板】或
按快捷键【F5】，在弹出的【色
板】面板中选择颜色，应用鼠标
左键点击颜色块更改颜色（如图
2-358，应用工具栏中的"框架
适合内容"按钮，将文字框架
适于文字内容）。

· 应用以上方法输入画面中所有
　文字信息（如图 2-359）。

图 2-357

图 2-358

第四步　制作主页

STEP 13 制作主页图形元素

绘制矩形前选择工具箱中的"填色和描边"  ，单击
"应用无"  或按快捷键【Num】+【/】取消默认
颜色，单击工具箱选择【矩形工具】或按快捷键【M】，
用鼠标左键点击画面，在弹出的【矩形】对话框中，
设置信息如下（如图 2−360）：

STEP14 填充颜色

在工具箱中单击【选择工具】或按快捷键【V，
Esc】，选择矩形框架使其处于工作状态（如图
2−361），单击菜单栏选择【窗口→颜色→色板】或
按快捷键【F5】，在弹出的【色板】面板中选择颜色，
应用鼠标左键点击 C=0 M=100 Y=100 K... 颜色块，双
击颜色块在弹出的【色板选项】对话框中，设置信息
如下（如图 2−362）：

- 色板名称：C=0 M=100 Y=100 K=10
- 以颜色值命名
- 颜色类型：印刷色
- 颜色模式：CMYK
- 单击确定

STEP 15 绘制直线

在工具箱中选择【直线工具】或按快捷键【\】，按
住【Shift】键单击鼠标左键在画面中绘制直线（如
图 2−363），松开鼠标和按键，单击菜单栏选择【窗
口→描边】或按快捷键【F10】，在弹出的【描边】
面板中，设置信息如下（如图 2−364）：

- 粗细：0.75 点 平头端点
- 斜接限制：4x 斜接连接

图 2−359

图 2−360

图 2−361

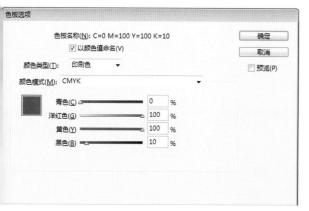

图 2−362

图 2−363

图 2−364

149

- 对齐描边：描边对齐中心
- 类型：实底
- 起点：无
- 终点：无
- 间隙颜色：无
- 间隙色调：100%

STEP 16 更改直线颜色

在工具箱中单击【选择工具】或按快捷键【V，Esc】，选择直线使其处于工作状态（如图 2-365），单击工具箱中的【描边】按钮或按快捷键【X】切换【填色和描边】，单击菜单栏选择【窗口→颜色→色板】或按快捷键【F5】，在弹出的【色板】面板中选择颜色（纸色）（如图 2-366）。

图 2-365

STEP 17 绘制图形

绘制图形前选择工具箱中的【填色和描边】，单击"应用无"或按快捷键【Num】+【/】取消默认颜色，在工具箱中选择【钢笔工具】或按快捷键【P】，点击鼠标左键在画面建立锚点，按住【Shift】键添加锚点建立直角三角形，在【色板】面板中选择颜色（如图 2-367）。

STEP 18 对齐图形

在工具箱中单击【选择工具】或按快捷键【V，Esc】，按住【Shift】键单击需要对齐的图形（如图 2-368），单击菜单栏选择【窗口→对象和版面→对齐】或按快捷键【Shift】+【F7】，在弹出的【对齐】面板中找到对齐对象，单击"左对齐"和"顶对齐"按钮（如图 2-369）。

图 2-366

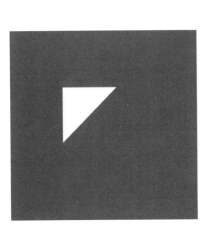

图 2-367

图 2-368

图 2-369

STEP 19 输入文字

在工具箱中选择【文字工具】或按快捷键【T】，单击鼠标左键在画面中拖拽文字框（如图 2–370），输入文字信息（如图 2–371）。

STEP 20 建立自动生成页码，在工具箱中单击【选择工具】或按快捷键【V，Esc】，双击文字框全选输入文字（如图 2–372），单击鼠标右键选择【插入特殊字符→标志符→当前页码】或按快捷键【Alt】+【Shift】+【Ctrl】+【N】（如图 2–373）。

STEP 21 调整文字信息（字体、字号、颜色），单击菜单栏选择【窗口→文字和表→字符】或按快捷键【Ctrl】+【T】，在弹出的【字符】面板中，设置信息（如图 2–374），单击菜单栏选择【窗口→颜色→色板】或按快捷键【F5】，在弹出的【色板】面板中选择颜色，应用鼠标左键点击颜色块更改颜色（如图 2–375）。

图 2–370

图 2–371

图 2–372

图 2–373

图 2–374

图 2–375

STEP 22 调整文字样式,在【页面】面板中单击鼠标右键选择页码和章节选项,在弹出的【页码和章节选项】对话框中,设置信息如下(如图2-376):

- 自动编排页码
- 起始页码:1
- 样式:01,02,03…
- 单击确定

STEP 23 置入图片,单击菜单栏选择【文件→置入】或按快捷键【Ctrl】+【D】,在弹出的【置入】对话框中,选择图片素材单击打开(如图2-377),按住【Ctrl】+【Shift】键(等比缩放图片大小)单击鼠标左键拖拽变换框(如图2-378)。(文字制作方法同上)

第五步 制作页面

STEP 24 选择页面,双击鼠标左键选择【页面】面板中的页面(如图2-379),绘图窗口中即可显示所属页面(如图2-380)。

STEP 25 置入图片,单击菜单栏选择【文件→置入】或按快捷键【Ctrl】+【D】,在弹出的【置入】对话框中,选择图片素材单击打开(如图2-381),用鼠标左键点击绘图窗口置入图片,单击工具箱中的【选择工具】或按快捷键【V,Esc】,点击图片拖移至适合位置(如图2-382)。(应用此方法置入所有页面图片)

STEP 26 绘制矩形,绘制图形前选择工具箱中的"填色和描边",单击"应用无"或按快捷键【Num】+【/】取消默认颜色,在工具箱中选择【矩形工具】或按快捷键【M】,按鼠标左键单击绘图窗口,在弹出的【矩形】

图 2-376

图 2-377

图 2-378

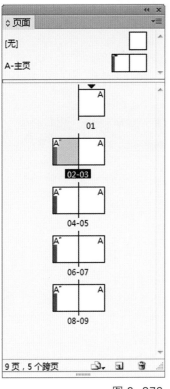

图 2-379

图 2-380

图 2-381

图 2-382

对话框中，设置信息如下（如图 2-383）：

· 宽度：26 毫米

· 高度：224 毫米

· 单击确定

图 2-383

图 2-384

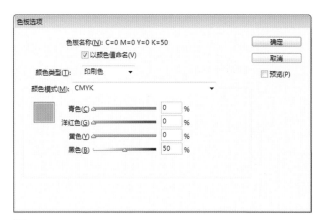

图 2-385

STEP 27 填充矩形颜色,在工具箱中单击【选择工具】或按快捷键【V,Esc】,选择矩形使其处于工作状态(如图 2-384),单击菜单栏选择【窗口→颜色→色板】或按快捷键【F5】,在弹出的【色板】面板中单击"新建色板" ☐ 按钮,应用鼠标左键双击颜色块,在弹出的【色板选项】对话框中,设置信息如下(如图 2-385):

- 色板名称:C=0 M=0 Y=0 K=50
- 以颜色值命名
- 颜色类型:印刷色
- 颜色模式:CMYK
- 单击确定

STEP 28 制作半透明遮挡效果,在工具箱中单击【选择工具】或按快捷键【V,Esc】,选择矩形框架,使其处于工作状态,单击菜单栏选择【窗口→效果】或按快捷键【Shift】+【Ctrl】+【F10】,在弹出的【效果】面板中,设置信息如下(如图 2-386),根据画面需要复制【Ctrl】+【C】粘贴【Ctrl】+【V】矩形,并调整矩形宽度(如图 2-387),应用【效果】面板中的"不透明度"数值的调整,改变遮挡呈现的效果(如图 2-388)。(应用此方法制作所有页面图片的遮挡效果)

- 混合模式:正片叠底
- 不透明度:100%

图 2-386

图 2-387

图 2-388

图 2-390

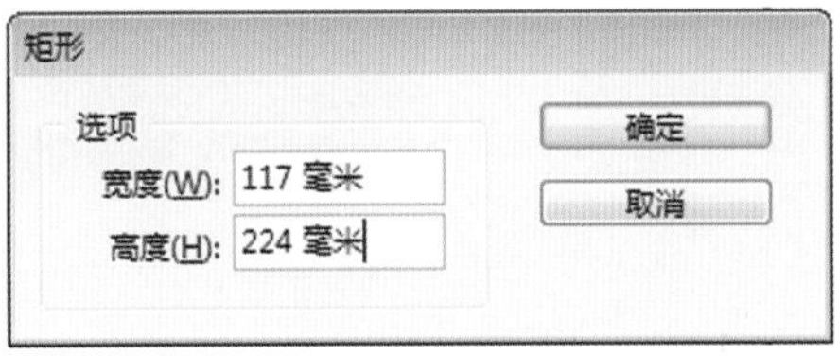

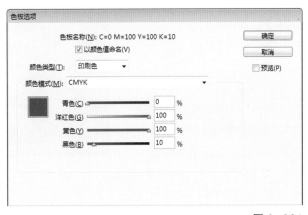

图 2-391

矩形

选项

宽度(W): 117 毫米

高度(H): 224 毫米

确定

取消

图 2-389

STEP 29 建立矩形，绘制图形前选择工具箱中的【填色和描边】，单击"应用无" 或按快捷键【Num】+【/】取消默认颜色，在工具箱中选择【矩形工具】或按快捷键【M】，按鼠标左键单击绘图窗口，在弹出的【矩形】对话框中，设置信息如下（如图 2-389）：

· 宽度：117 毫米

· 高度：224 毫米

· 单击确定

STEP 30 填充颜色，在工具箱中单击【选择工具】或按快捷键【V，Esc】，选择矩形框架，使其处于工作

状态（如图 2-390），单击菜单栏选择【窗口→颜色→色板】或按快捷键【F5】，在弹出的【色板】面板中选择颜色，应用鼠标左键点击 C=0 M=100 Y=100 K... 颜色块，双击颜色块在弹出的【色板选项】对话框中，设置信息如下（如图 2-391）：

· 色板名称：C=0 M=100 Y=100 K=10

· 以颜色值命名

· 颜色类型：印刷色

· 颜色模式：CMYK

· 单击确定

STEP 31 绘制直线，在工具箱中选择【直线工具】或按快捷键【\】，按住【Shift】键单击鼠标左键在画面中绘制直线（如图 2-392），松开鼠标和按键，单击菜单栏选择【窗口→描边】或按快捷键【F10】,在弹出的【描边】面板中，设置信息如下（如图 2-393）:

- 粗细：0.75 点 平头端点
- 斜接限制：4x 斜接连接
- 对齐描边：描边对齐中心
- 类型：实底
- 起点：无
- 终点：无
- 间隙颜色：无
- 间隙色调：100%

STEP 32 更改直线颜色，在工具箱中单击【选择工具】或按快捷键【V，Esc】，选择直线使其处于工作状态，单击工具箱中的【描边】按钮或按快捷键【X】切换【填色和描边】，单击菜单栏选择【窗口→颜色→色板】或按快捷键【F5】，在弹出的【色板】面板中选择颜色（纸色）（如图 2-394）。

STEP 33 绘制图形，绘制图形前选择工具箱中的"填色和描边" ，单击"应用无" 或按快捷键【Num】+【/】取消默认颜色，在工具箱中选择【钢笔工具】或按快捷键【P】，点击鼠标左键在画面建立锚点，按住【Shift】键添加锚点建立直角三角形，在【色板】面板中选择颜色（如图 2-395）。

图 2-392

图 2-393

图 2-394

图 2-395

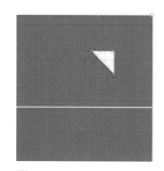

图 2-396

图 2-397

STEP 34 对齐图形，在工具箱中单击【选择工具】或按快捷键【V，Esc】，按住【Shift】键单击需要对齐的图形（如图2-396），单击菜单栏选择【窗口→对象和版面→对齐】或按快捷键【Shift】+【F7】，在弹出的【对齐】面板中找到对齐对象，单击"左对齐"▐▙和"顶对齐"按钮▜▛（如图2-397）。

· 应用以上方法绘制画面中所有矩形、直线及图形（如图2-398~图2-401）。

图 2-398

图 2-399

图 2-400

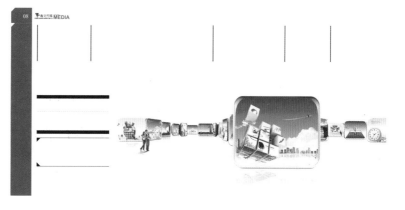

图 2-401

STEP 35 输入文字,在工具箱中选择【文字工具】或按快捷键【T】,单击鼠标左键在画面中拖拽文字框(如图2-402),输入文字信息(如图2-403)。

图2-402

图2-403

STEP 36 调整文字信息(字体、字号、颜色),单击菜单栏选择【窗口→文字和表→字符】或按快捷键【Ctrl】+【T】,在弹出的【字符】面板中,设置信息(如图2-404),单击菜单栏选择【窗口→颜色→色板】或按快捷键【F5】,在弹出的【色板】面板中选择颜色,应用鼠标左键点击颜色块更改颜色(如图2-405)。应用工具栏中的"框架适合内容"按钮,将文字框架适于文字内容)(如图2-406)。

图2-404

图2-405

图2-406

158

STEP 37 建立、更改文字段落样式(一级标题),在工具箱中单击【选择工具】或按快捷键【V,Esc】,选择直线使其处于工作状态(如图2-407),单击菜单栏选择【窗口→样式→段落样式】或按快捷键【F11】,在弹出的【段落样式】面板中选择"创建新样式"按钮(如图2-408),应用鼠标左键单击按钮建立【段落样式1】(如图2-409),在段落样式面板中,应用鼠标左键双击"段落样式1",在弹出的【段落样式选项对话框中,设置信息如下(如图2-410):

· 常规
· 样式名称:一级标题
· 单击确定

媒 体 优 势

图2-407

图2-408

图2-409

图 2-410

注: 1. 段落样式中常用选项: 基本字符格式、高级字符格式、缩进和间距、制表符、字距调整、跨栏、项目符号和编号、字符颜色等。

2. 应用以上方法制作画面中所有的文字(中文、英文)信息。

STEP 38 建立、更改英文段落样式(一级标题),在工具箱中单击【选择工具】或按快捷键【V,Esc】,选择文字使其处于工作状态(如图 2-411),单击菜单栏选择【窗口→样式→段落样式】或按快捷键【F11】,在弹出的【段落样式】面板中选择

图 2-411

图 2-412

"创建新样式"□按钮,应用鼠标左键单击按钮建立【段落样式 1+】(如图 2-412),在段落样式面板中,应用鼠标左键双击"段落样式 1+",在弹出的【段落样式选项】对话框中,设置信息如下(如图 2-413):

· 常规

· 样式名称: 英文 一级标题

· 单击确定

STEP 39 建立、更改英文字符样式(一级标题),在工具箱中单击【选择工具】或按快捷键【V,Esc】,选择直线使其处于工作状态,单击菜单栏选择【窗口→样式→字符样式】或按快捷键【Shift】+【F11】,在弹出的【字符样式】面板中选择"创建新样式"□按钮(如图 2-414);在工具箱中单击【选择工具】或按快捷键【V,Esc】,双击文字全选"英文一级标题"红色文字部分(如图 2-415),应用鼠标左键单击按钮建立【字符样式 1】(如图 2-416),在字符样式面板中,应用鼠标左键双击"字符样式 1",在弹出的【字符样式选项】对话框中,设置信息如下(如图 2-417):

· 常规

· 样式名称: 英文 一级标题 红字

· 单击确定

注: 字符样式基于段落样式。

图 2-413

图 2-414

图 2-415

图 2-416

STEP 40 建立、更改英文段落样式（二级标题），在工具箱中单击【选择工具】或按快捷键【V，Esc】，选择直线使其处于工作状态（如图 2-418），单击菜单栏选择【窗口→样式→段落样式】或按快捷键【F11】，在弹出的【段落样式】面板中选择"创建新样式" ▣ 按钮，应用鼠标左键单击按钮建立【段落样式 1】（如图 2-419），在段落样式面板中，应用鼠标左键双击"段落样式 1"，在弹出的【段落样式选项】对话框中，设置信息如下（如图 2-420）：

- 常规
- 样式名称：英文 二级标题
- 单击确定

图 2-418

图 2-417

图 2-419

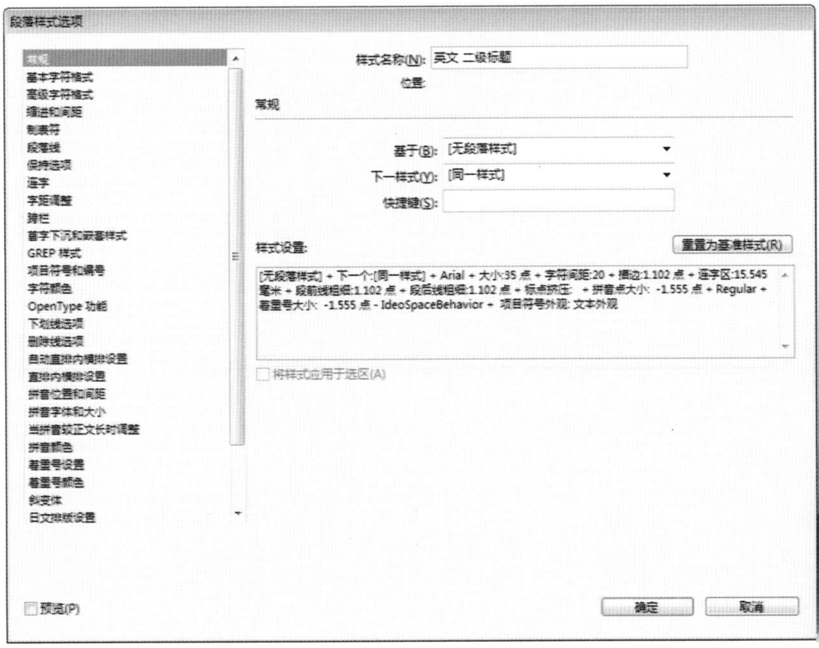

图 2-420

Strength Analysis

STEP 41 建立、更改文字段落样式（正文），在工具箱中单击【选择工具】或按快捷键【V，Esc】，选择直线使其处于工作状态（如图 2-421），单击菜单栏选择【窗口→样式→段落样式】或按快捷键【F11】，在弹出的【段落样式】面板中选择"创建新样式"  按钮，应用鼠标左键单击按钮建立【段落样式 1】（如图 2-422），在段落样式面板中，应用鼠标左键双击"段落样式 1"，在弹出的【段落样式选项】对话框中，设置信息如下（如图 2-423）：

- 常规
- 样式名称：正文
- 基本字符格式
- 字体系列：华文细黑
- 字体样式：Regular
- 大小：9 点
- 行距：16 点
- 字偶间距：原始设定—仅罗马字
- 字符间距：0
- 大小写：正常
- 位置：正常
- 勾选连笔字
- 字符对齐方式：全角，居中

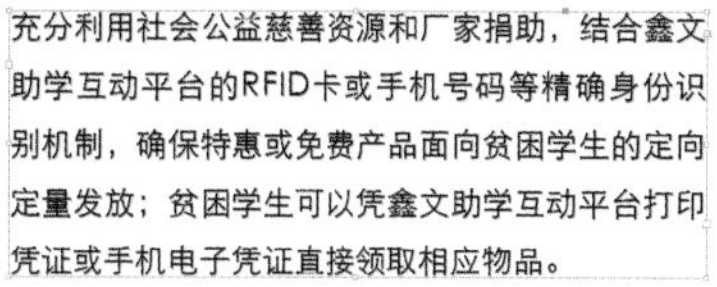

图 2-421

图 2-422

图 2-423

注：所有文字段落样式、字符样式应用方法同上（如图 2-424～图 2-427）。

图 2-424

图 2-425

图 2-426

图 2-427

制作表

STEP42 建立文字框架，单击工具箱中的【工具栏→文字工具】或按快捷键【Ctrl】+【T】，在绘图窗口单击鼠标左键绘制文字框架。

STEP 43 插入表，用鼠标左键双击文本框架，单击菜单栏选择【表→插入表】或按快捷键【Alt】+【Shift】+【Ctrl】+【T】，在弹出的【插入表】对话框中，设置信息如下（如图 2-428）：

- 正文行：14
- 列：2
- 表头行：0
- 表尾行：0
- 表样式：【基本表】

图 2-428

STEP44 更改表设置，用鼠标左键双击表格框架，按住左键将表格全选，单击鼠标右键选择【表选项→表设置】或按快捷键【Alt】+【Shift】+【Ctrl】+【B】，设置弹出对话框信息如下（如图 2-429）：

- 正文行：10
- 列：4
- 表头行：0
- 表尾行：0
- 粗细：0.709 点
- 类型：实底
- 颜色：黑色
- 色调：100%
- 间隙颜色：纸色

图 2-429

注：用鼠标左键双击表格，将鼠标箭头移至表格框线，显示拖拽箭头时，可根据文字量更改行高（如图2-431）。

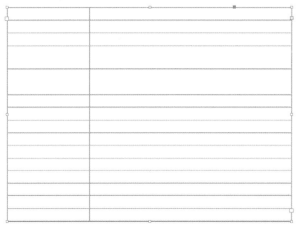

图 2-431

- 间隙色调：100%
- 表前距：1 毫米
- 表后距：1 毫米
- 绘制：最佳连接
- 单击确定

STEP45 更改单元格设置，用鼠标左键双击表格框架，按住左键选择要修改的单元格，单击鼠标右键选择【单元格选项→行和列】，设置弹出对话框信息如下（如图 2-430）：

- 行高：最少 6.982 毫米
- 最大值：200 毫米
- 起始行：任何位置
- 单击确定

图 2-430

STEP46 更改单元格颜色，（如图 2-432）用鼠标左键双击表格框架，按住左键选择要修改的单元格，单击鼠标右键选择【单元格选项→描边和填色】，设置弹出对话框信息如下（如图 2-433）：

- 粗细：0.709 点
- 类型：实底
- 颜色：黑色
- 色调：100%
- 间隙颜色：纸色
- 间隙色调：100%
- 颜色：C=0 M=100 Y=100 K=10
- 色调：100%
- 单击确定

STEP 47 在单元格内输入文字，用鼠标左键双击表格框架，双击鼠标左键在单元格内输入文字。

STEP48 更改文字设置，单击鼠标右键【单元格选项→文本】或按快捷键【Alt】+【Ctrl】+【B】，设置弹出对话框信息如下（如图 2-434）：

- 排版方向：水平
- 单元格内边距：上 1 毫米 下 1 毫米 左 1 毫米 右 1 毫米
- 对齐：居中对齐
- 位移：全角字框高度
- 最小：0 毫米

图 2-432

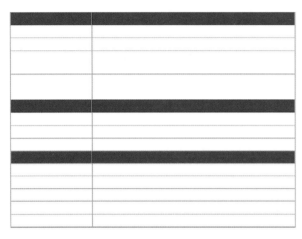

图 2-433

图 2-434

- 旋转：0°
- 单击确定

第七步 存储输出文件

STEP 49 存储文件，单击菜单栏选择【文件→存储为】或按快捷键【Shift】+【Ctrl】+【S】在弹出的【存储为】对话框中，设置信息如下（如图 2-435）：

- 保存在：通过黑色三角打开下拉菜单选择所要存储的盘符与文件夹。
- 文件名：鑫文传媒画册 2012 / 11 / 25 源文件
- 格式：InDesign CS6 文档
- 单击保存

图 2-435

STEP 50 输出文件，单击菜单栏选择【文件→导出】或按快捷键【Ctrl】+【E】，在弹出的【导出】对话框中，设置信息如下（如图 2-436），在弹出的【导出至交互式 PDF】对话框中，设置信息如下（如图 2-437）。

- 导出
- 保存在：通过黑色三角打开下拉菜单选择所要存储的盘符与文件夹。
- 文件名：鑫文传媒画册 输出文件
- 格式：Adobe PDF（交互）
- 单击保存
- 导出至交互式 PDF
- 页面：全部 页面

导出后查看
嵌入页面缩览图
- 查看：实际大小
- 版面：单页
- 压缩：JPEG 2000（无损式压缩）

图 2-436

- JPEG 品质：高
- 分辨率（ppi）：300
- 单击确定

4）相关参考资料

参考书目

- 吴建军 . 印刷媒体设计 . 北京：中国建筑工业出版社，2005
- 王俊 . 版面设计 . 北京：中国建筑工业出版社，2005

参考网站

- www.baidu.com

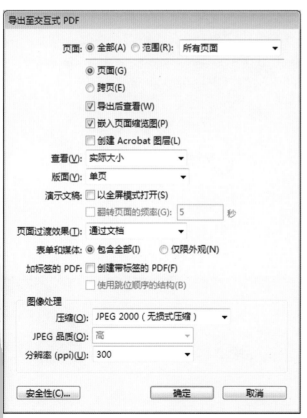

图 2-437

第三章
计算机辅助平面设计——优秀作品欣赏篇

对计算机辅助设计这门课程，最终我们必须认清的是，计算机仅仅是一个和笔一样的工具而已，不论这个工具有多么复杂的智能，机器永远只能是机器，掌握这个机器的创作主体——人，才是艺术灵魂的赋予者。

计算机辅助平面设计这门课程，除了综前所述，还要在审美、鉴赏、视野方面提高自己，本章就中外一些优秀的平面设计作品进行鉴赏和分析。

第一节　国外优秀平面设计作品赏析

Cristiano Siqueira，巴西插画师、设计师，最初接触的设计工作是从图书、杂志以及 CD 封面设计，后来他又为食品和玩具设计包装。工作了七年之后，Siqueira 希望做一个自由插画师，于是从 2005 年开始他便成为了一位自由工作者，专为一些包装设计、公共设计以及广告等做插画工作。

"球员梅西"这件作品用笔洒脱、生动，色彩运用单纯醒目，对足球运动员的表情表现到位，伴随运动员的奔跑动作添加了很多烘托氛围的笔触，更好地表现了运动员的奔跑速度和投入的状态。作品运用 ILLUSTRATOR、PAINTER 等软件制作完成。（图 3-1）

插画师 Neil Stevens 为 2011 环法自行车赛设计的海报非常有意思，画面都是基于最简单最纯粹的几何图形，色彩清新，加之细致微妙的纹理图案，充分诠释了 Neil Stevens 的绘画风格。（图 3-2）

图 3-1　球员梅西 /[巴西]Cristiano Siqueira

图 3-2　2011 环法自行车赛海报 /Neil Stevens

Martín De Pasquale 在 Photoshop 软件运用方面是一位大师。这位来自布宜诺斯艾利斯的艺术家通过数字艺术创作超现实主义作品，既诙谐又有趣，还带着一点点的恶作剧意味。Martín 在这方面真的是个高手，他所创作出来的作品梦幻又自然。优秀的平面设计作品，除了拥有娴熟的数字技术，独特的创意和想法才是最关键的。（图 3-3）

来自瑞士的 Erik Johansson 是一位非常年轻而又天赋异禀的艺术家，他不仅拥有精湛的摄影技术，同时还是一位 ps 高手，在他的作品中我们不仅能看到他高超的数字处理技术，更能感受到其独特的创意以及强烈的幽默感。（图 3-4）

来自加拿大工作室 Loogart 的艺术家 Chris Soueidan 做了这一组矢量插画，主角是我们很熟悉的英雄人物，但表现出来怎么这么有喜感呢，设计师的手法使得这些英雄人们忽然有了讽刺和趣味的内涵。熟练运用软件之外，我们也应该关注周边的生活，一个热爱生活的人才会有更幽默和贴切的表达。（图 3-5）

罗马尼亚插画师 Daniel Nyari 的作品 Playmakers，描绘的是世界上著名的足球运动员。通过 Illustrator 特有的块、面表现手法，将人物处理得概括洗练，特征又很突出。（图 3-6）

Romel Belga 是一位菲律宾设计师。他主要从事视觉传达设计，并且用 PHOTOSHOP 创造出许多很具有视觉享受的作品。图 3-7 这幅作品充分展示了数码艺术在设计中的优越性，通过蒙太奇手法的运用，将人物分解、拼贴，最终形成一个神秘莫测、亦影亦幻的情境。

图 3-3　平面创意设计作品 /Martín

图 3-4　平面创意设计作品 /Erik Johansson

图 3-5　矢量插画 /Chris Soueidan

图 3-6　Playmakers / Daniel Nyari

图 3-7　平面创意设计作品 / Romel Belga

图 3-8　Emi Haze

图 3-8 是运用 Photoshop 这款软件设计制作的，创作者是 Emi Haze，ps 是一个强大的工具，运用蒙太奇的表现手法将云与女人的头像做透叠处理，色彩变化细腻，情景深远。（图 3-8）

Thomas Wilder 设计的这幅动物海报，看起来运用的元素很少，其实不然。创作者将很多几何图形运用于动物形象中，充分体现了数码艺术带给我们的审美享受。简练又丰富的语言在 illustrator 的制作下表现得很充分。（图 3-9）

这是马蒂斯为萨克森州的汉诺威市立戏剧院的演出节目所设计的海报"戏剧潜入皮肤之下"，海报中所呈现的是一个男人的上半身和一张有文字的白纸，白纸上整齐地排列着该戏剧的内容简介。创作手法是将男人体上半身的皮

图 3-9　动物海报设计 / Thomas Wilder

图 3-10　海报设计马蒂斯

肤跟白纸粘合在一起，表现出两者融为一体，形成自然逼真的效果。该设计运用了 ps 软件处理细节，视觉效果逼真，更能够使观众产生丰富的想象，从而使画面的情感诉求得到很好的传达。（图 3-10）

WWF（世界自然基金会）是一个全球环境保护组织，在中国的工作始于 1980 年的大熊猫及其栖息地的保护。WWF 是第一个受中国政府邀请来华开展环境保护工作的国际非政府组织。

这三张海报虽然是黑白的，但是在形象上我们可以看到由很多大熊猫的变形组成的画面。大熊猫组成了树木，组成了藏羚羊，组成湖泊很耐看。在广告繁多的环境中，我们能够记住的并不是很多。但是这样的公益平面广告则以一种独特的形式让人们热爱。（图 3-11）

这则平面广告是将珍宝珠棒棒糖与 DNA 双螺旋结构进行置换，非常巧妙地将产品的鲜艳诱人特性传达给消费者，让人眼前一亮，同时又将"珍宝珠就像我们的 DNA 那样重要""它渗透在我们的基因里"这些

图 3-11　WWF 宣传海报 / 佚名

信息传达给受众。在做创意的时候，棒棒糖的外形、色泽以及想要传达给受众的信息都被 DNA 的图形清楚表达，材料选取非常恰当。棒棒糖本身也是一种休闲食品，用这样小小的"幽默"一把，让消费者轻松一笑后感受到其中的智慧。（图 3-12）

企鹅出版集团是世界领先的大众图书出版商，"企鹅"也是出版界最受欢迎的品牌。企鹅出版集团于 1935 年由艾伦·莱恩爵士创办，旗下包括众多知名出版物品牌，如多林·金德斯利公司（DK）、Puffin、Ladybird 和 Rough Guides。这个系列广告运用 PS，将人们日常生活中的几个场面作为广告展示的情景，无论是女人织毛衣、男人洗澡及家庭主妇烹饪时，都离不开企鹅出版，离不开阅读。设计创意生活化，更会博得受众的好感。（图 3-13）

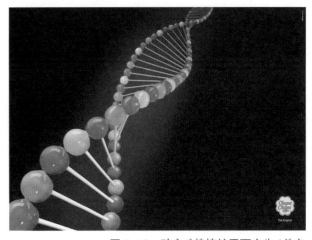

图 3-12　珍宝珠棒棒糖平面广告 / 佚名

图 3-13　企鹅出版集团 / 佚名

作品通过运用中国传统元素将具象形态与抽象的文字加以结合，色彩运用和谐雅致，充满了数字艺术的魅力。（图3-14）

"盘古"是中国古代传说中开天辟地的巨人神，是中国古老文明的象征，这个标志运用了中国的祥云和北斗星阵，寓意为"日月永恒，天地安久"。色彩选择了中国红、黑和金色渐变，图形处理简练概括，展现了中国特有的东方神韵。（图3-15）

图3-14　"琴棋书画"/ 史爽

图3-15　盘古酒店标志 / 刘绍勇

"南无"为梵语,梵语或印度语中为:赞美、赞颂的意思,宗教引申意义为:皈依。"南无"二字,中文意译为"礼敬""皈依""归命"之意。又作"南牟",佛教徒称合掌稽首为"南无",并常用来加在佛名、菩萨名或经典名之前,表示对佛法的一种尊敬。作者使用 Illustrator 从"南无"二字向"莲花形"渐变,产生美妙的视觉形象。(图 3-16)

作品运用 Photoshop 把耳朵放大、重复,表现"耳听为虚"的概念。(图 3-17)

该作品为系列作品,分别通过口、眼、手和思维的抽象图形变化,体现作者对设计的感悟。运用 Illustrator 进行复杂的图形绘制,是 Illustrator 插图创作的经典作品。(图 3-18)

图 3-16 "南无" / 陈永利

图 3-17 《背后的故事》/ 艾立兵

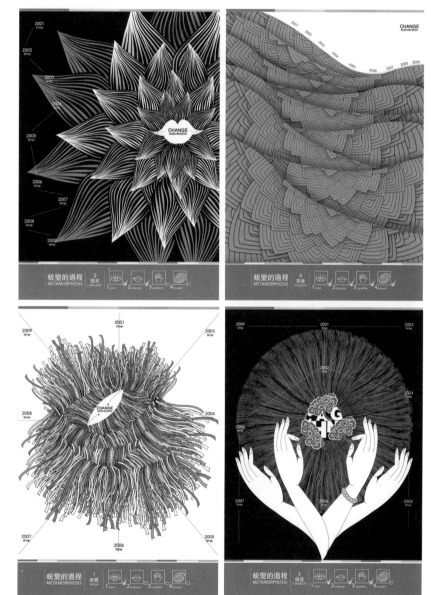

图 3-18 《蜕变的过程》/ 张磊

图 3-19　海报 / 王群

图 3-20　海报 / 王丽颖

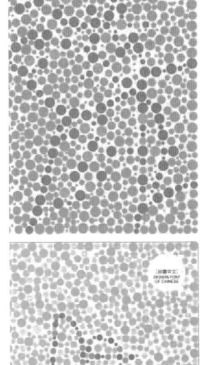

图 3-21　《当代音乐》期刊设计 / 孔翠

图 3-22　创意中文 / 井莉莉

图 3-23 《第一犬舍》/ 蔡雨

图 3-24 《印象北京》/ 黄婉贞

图 3-25 《五大瑞兽》/ 刘传

图 3-26 《怪》/ 吴珊

后记
POSTSCRIPT

在接到林家阳老师的任务后，我和陈老师两人便积极开始书籍的撰写工作。书籍的总体写作风格与内容是按照林家阳老师的指导意见进行的，这是我们这本书能顺利完成的基本保证。衷心感谢林家阳教授。在此我还要感谢刘绍勇、矫强、李东哲、艾立兵、聂微微、孙黎明等老师的大力支持。

本书立足于实战，采用实际设计项目作为案例，在每个项目的讲授中强调其印刷制作要点，与市面上现有的软件教程区分开。书中讲授了软件的使用功能与技巧，又强调了其辅助平面设计的主要功能，相对弱化了大多数电脑软件书籍的炫技成分。书中有对于平面设计知识及印刷知识的介绍，让学生在学习基础软件的同时对平面设计专业有一个基本认知。

本书是利用实例让学生循序渐进的掌握三个平面设计基础软件，目的是引领学生了解三个软件的辅助平面设计的功能，受篇幅限制，对于软件的介绍并不全面，还请各位读者多多见谅，欢迎各位老师、同学提出宝贵的意见与建议。

史爽
2015.3.30